自然によりそう地域づくり

自然資本の保全・活用のための協働のプロセスとデザイン

鎌田磨人・大元鈴子・鎌田安里紗・田村典江 編

共立出版

本書は公益財団法人日本生命財団の助成を得て刊行された。

まえがき

　急激な生物個体数の減少や絶滅といった危機が認識され、国際的には「生物多様性条約（以下、CBD）」、国内的には「生物多様性国家戦略（以下、国家戦略）」および「生物多様性地域戦略（以下、地域戦略）」の整備が進められてきた。また、「持続可能な開発目標（SDGs）」も定められ、「「陸の豊かさ」、「海の豊かさ」、「安全な水」、「安定した気候」といった"自然資本"がすべての目標を支える基盤であり、それらの保全は、すべての者が活動目標に組み込んでいかなくてはならない」と言われてきている。国際的、国家的には、こうした様々な枠組みがつくられてきているにもかかわらず、現実的には、生態系の劣化や生物多様性の損失が止められ、回復に向かっているという明るい話題はほとんど聞こえてこない。なぜなのか。それは、多くの地域社会では、それらが遠いところの出来事であって、自分たちの暮らしとは直接的には関係ないのだと考えられてきていることによるのだろう。そのような中でも、一部の地域では、関係者が協働のプラットフォームをつくり、知恵を出し合って地域の自然をうまく活かし、そして保全しながら地域をよくしていくための活動を展開してきている。今、必要なのは、それら地域で行われている活動を火種として、他地域に広げながら、大きな炎としていくことだ。地域での協働活動の推進には、経済的に地域の発展に寄与できるのかといった観点や、地域への愛着や活動そのものの楽しさ、将来世代への責任感といった価値観も大きく影響しており、単純ではない。様々な主体を巻き込む形で自然資本管理を進めていくに必要な目標設定のあり方、多様で多元的な主体間の合意形成の進め方、そのために準備すべきプラットフォーム、そして、マネジメントなどのあり方を、地域の個性に応じて考えていけるようにしていかなければならない。それを支援するツールキットがあれば、活動の水平展開にもつながることになるだろう。

　本書は、地域に入り込んで研究や実践活動を行ってきた研究者・専門家でプロジェクトチームを組織し、それぞれが持つ経験知を広く社会と共有するために編まれた。まず、地域での活動のインセンティブ（行動を促進するための仕組みや手段）、同じ目標を持つ人・組織のネットワークの形成、そのネットワークによる自然資本の協働管理活動の創出、政策への落とし込みといった一連の流れを整

理し、ボトムアップによる「緩やかな環境自治」の創出プロセスを詳細に示す。次に、合意形成、ガバナンスの構築、政策形成などの過程の様々な場面で用いられ、個々人に蓄積されてきた経験知を抽出する。それらをパターン・ランゲージとしてとりまとめ、自然資本管理に関わる協働のプロセスをデザインし、マネジメントしていくためのツールキットとして提供する。

　本書には、各々の地域の実情に沿った協働活動を進めていくためのヒントがちりばめられている。自然の保全をテーマに研究しながら地域の実践活動に貢献したいと考えている研究者や専門家、NPOや市民団体で活動を実践している人たち、生態学者と組んで仕事をしたい市民のみなさん、まちづくりのプランナーや技術者、自治体の職員の方々に手にとってもらって、参考にしていただきたい。

本書の構成と使い方

　本書は、「第1部 自然資本の協働管理の必要性と先進地域からの学び方」、「第2部 暮らしの中で自然を賢く利用するための協働のプロセス」、「第3部 地域の自然を守り活かす取り組みを実践していくために」の3部11章で構成されている。

　第1部では、本書の導入として、自然資本の自律的な協働管理を進めていくために考えるべきこと（第1章）、「実践としての超学際」という考え方に基づく社会変革の理論（第2章）、パターン・ランゲージの説明とつくり方（第3章）が示される。第2部では、沖縄県恩納村での生産者・加工業者・流通業者の連携によるモズク生産地としてのサンゴ礁再生（第4章）、新潟県佐渡市でのトキを守り増やすための環境保全型農業の展開（第5章）、京都市宝が池の森での都市に残存する里山を保全するための人のネットワークの拡大と活動の展開（第6章）、広島県北広島町での地域の風土に基づく草原や里山の再生・保全活動の創出プロセス（第7章）、沖縄県金武町での観光資源としてのマングローブ林の保全を進めるためのコミュニケーション（第8章）、徳島県での民学官の協働による生物多様性地域戦略策定の合意形成プロセス（第9章）について詳述される。

　第3部では、「地域に入り込んで研究や協働活動を行っている景観生態学者は地域の景観や地域をどのように見ているのか」という問いへの応えとして、景観生態学研究者が持つ"観点の曼荼羅"が示される（第10章）。そして、地域に入り込んで研究や実践活動を行ってきた研究者・専門家が蓄積してきた、協働の

活動を動かしていくための経験知をパターン・ランゲージとしてとりまとめ、自然資本管理に関わる協働のプロセスをデザインし、マネジメントしていくためのツールキットとして提供する（第11章）。

　どのような順番で読んでいただいても構わないが、まずは第1章を読んでいただき、第2部を読む前には第2章を、第3部を読む前には第3章を読んでおくことをおすすめする。第3部で解説される個々のパターンは、第2部で描きだされる事例の中に描かれている出来事や抽出されている経験知と関連する内容も多いので、章間を行き来しながらその関連性を見出していただければ、発見的な楽しみを得ながら読んでいただけるのではないかと思う。そして、何よりも、第2部、第3部については自らが取り組んでいる、もしくは取り組もうとしている活動を頭に浮かべながら、その状況と対比させつつ読んでいただくことで新たな視座を得てもらえるならば、僕たちにとってこれほど嬉しいことはない。

　この本に込めた僕たちの思いが自己満足に終わらず、様々な地域での活動の創出につなげていくとの目標が達成されるかどうかは読者の皆さん次第である。ぜひ、様々な場での活動の創出、発展に役立て、そして、新しい「知」と「技術」を蓄積していっていただきたい。

　本書は、プロジェクトメンバーがそれぞれの地域の皆さんと信頼関係を構築しながら実践してきた成果のまとめである。僕たちを受け入れてくれて、話を聞かせてくれたり、僕たちの話を聞いてくれたり、また、楽しい酒盛りに招待してくれたり、そしてともに活動する仲間に加えてくれた地域の皆さんには感謝しかない。この本が、少しでも皆さんへの恩返しになればと思う。（公財）日本生命財団は、プロジェクトの推進と本を出版するための資金を提供してくれた。荒巻悠さんは、ほんとに素敵なイラストを描いてくれた。本のデザインは、吉田考宏さんと八田さつきさんにお引き受けいただいた。そして、共立出版の天田友理さんには、企画段階から出版に至るまでずっと寄りそっていただき、適切な助言と具体の指示をいただいた。僕たちの執筆が遅くて、さぞ気をもんだことだろう。天田さんがいなければ、本書は日の目を見ることはなかった。この本は、これら皆さんとの協働の賜である。

2025年2月
編者を代表して
鎌田磨人

目次

第1部
自然資本の協働管理の必要性と先進地域からの学び方　1

第1章　自然資本の自律的な協働管理を進めるために　鎌田磨人　2

社会−生態システムとしての地球の危機　2
危機からの脱却に向けたグローバルな動き　3
日本における国や自治体の動き　5
地域社会でのボトムアップ活動の必要性　6
自律的なボトムアップ活動をマネジメントするための枠組み　8
他の地域でも使えるやり方を見つけるために　10

第2章　多様な主体による自然資本管理を進めるために　──「実践としての超学際」という考え方　ハイン・マレー・田村典江　17

学術と社会の「際（きわ）」を超えての問題解決　17
プラネタリー・バウンダリー　19
求められている持続可能な社会へのトランジション　21
自然の保全を目指す研究者・専門家へのメッセージ　23

第3章　パターン・ランゲージによる実践技術の共有　鎌田安里紗　28

パターン・ランゲージとは　28

パターン・ランゲージの作成方法　30
パターン・ランゲージを使うと何ができるのか　31
本書で提供するパターン・ランゲージ　33

第2部

暮らしの中で自然を賢く利用するための協働のプロセス　35

第4章　生産から消費までの流通全体で取り組む里海保全
―― モズク養殖とサンゴ保全【沖縄県恩納村】
大元鈴子　36

サンゴ礁が支える恩納村のモズク養殖　36
恩納村における海面利用ルールと赤土流出防止方策の構築プロセス　41
里海保全活動のモズクサプライチェーンへの拡大――加工会社との協働　46
第一次産業による生態系保全にサプライチェーン全体で参加する　48
漁協に研究者がいるということ　51

第5章　自然再生と地域活性
―― 農業政策を変化させたトキ【新潟県佐渡市】
岩浅有記　59

トキの保護増殖から野生復帰へ　59
トキ保護の歴史　61
トキ認証米制度の創設プロセス　63
政策統合をもたらしたステークホルダー間のネットワーク　70
バウンダリー・オブジェクトとしてのトキ　73

▶Column1　ローカル認証で進める生息環境の保全と地域課題の解決　大元鈴子　77

| 第6章 | 多様な人々による都市の森の再生【京都市宝が池の森】
鎌田磨人・丹羽英之・田村典江　80 |
|---|---|

多様な人々が集う場としての"宝が池の森"　80
宝が池の森の劣化と市民活動　81
宝が池の森での協働の展開プロセス　83
協働を支える人々の関わり　95

▶ Column2　協働活動支援のタケコプター──ドローン　丹羽英之　100

| 第7章 | 里山再生のための順応的ガバナンスの技術【広島県北広島町】
鎌田安里紗　103 |
|---|---|

北広島町での自然資本の管理と活用　103
自然資本管理を支えるマネジメントの経験則　110
経験則を順応的ガバナンスに活かす　121

| 第8章 | 自然資本としてのマングローブ林を
活用し続けるための仕組みづくり【沖縄県金武町】
鎌田安里紗・鎌田磨人　126 |
|---|---|

自然資本としてのマングローブ林　126
マングローブ林の劣化に伴う金武町内の動き　128
マングローブ林の永続的活用と保全に向けた協働の創出プロセス　130
人のネットワークを広げて協働を創出していくための経験則　138
協働を促進するためのコミュニケーション技術　148

| 第9章 | 生物多様性地域戦略のつくり方
──合意形成プロセスのデザイン【徳島県】
鎌田安里紗・鎌田磨人　151 |
|---|---|

生物多様性とくしま会議　151
協働の始まり──協力しあえるつながりをつくる　152

協働の展開——議論を深めながら市民・コミュニティの力を育む　155
継続的に活動が続く仕組みをつくる　163
戦略策定後の市民活動への接続　165
合意形成プロセスのデザインへの活用　167

第3部

地域の自然を守り活かす取り組みを実践していくために　169

第10章　景観生態学者は活動を行う地域をどのように見ているのか　長井雅史　170

全体像 —— 観点の曼荼羅　172
景観生態学者が地域を見る際に用いる38の観点　174

第11章　地域によりそう自然資本管理の進め方　鎌田安里紗　189

パターンの読み方　189
地域によりそいながら自然資本管理を進めるためのパターン・ランゲージ　191

おわりに　266
索引　269

第1部
自然資本の協働管理の必要性と先進地域からの学び方

今、地球というシステムは安定的に機能し続けられる限界を超え、危機的な状況に陥っている。このような中、世界中の国で一致団結して「2030年までに生物多様性の損失を止め、回復軌道にのせること(自然再興)」が目指されるようになった。個々の地域が自然資本としての生態系の質を向上させながら将来に引き継いでいかなければならないが、そのためには個々の地域の自然や社会の状況に即した活動方針と、協働の仕組みが必要である。問題は、その方針や担い手を各々の地域でどのように創出していくか、である。第1部では、地球環境問題に対する世界・日本の動向を概観したうえで、自然資本の協働管理の仕組みを創出し、自然再興に関わる活動を実際に進めるために、先進地域から何をどのように学ぶべきかを考える。そして、活動を推進してきた実践者による「現場を動かしていくための経験則」を見出し、技術として共有していくための方法としてのパターン・ランゲージを紹介する。

第1章
自然資本の自律的な協働管理を進めるために

鎌田磨人

社会−生態システムとしての地球の危機

　第二次世界大戦以降、1950年頃を境に起こった急速な人口増加、グローバリゼーション、工業による大量生産、農業の大規模化といった人間活動の爆発的増大は、気候変動、生物の絶滅、リンや窒素といった生物地球化学的循環の変化など、地球環境への甚大な影響を急激に顕在化させてきた。第2章で詳細に解説されるが、こうした経済活動の急成長とそれに伴う環境負荷の飛躍的増大により、私たちが住む世界では人間活動による環境への影響が「プラネタリー・バウンダリー（地球の限界）」を超えるという危機的な状況に陥っている。このような、人間活動の影響により地球システムの大変化が生じ、取り返しのつかない状態になろうとしているのが、「人新世（じん（ひと）しんせい）」という時代だ[1]。

　かつて、人によって作り出され、利用されたものは、排出・廃棄されてから自然のプロセスを通じて分解され、再び自然の状態へと戻されていた。プラネタリー・バウンダリーの概念は、人間の活動が自然が持つ自浄能力を遥かに超える状態になっていることを示している。この、人間活動が地球のシステムを狂わせてきているとの発見は、私たち人間は、経済、政治、制度、文化といった多様な次元をもつ「社会」と、生物（人間を含む）が生存する地球表層の生物圏としての「生態」からなるシステムの中で暮らしているのであり、地球は社会−生態システムとして捉えるべきものなのだという気づきをもたらした。

危機からの脱却に向けたグローバルな動き

　このような状況下で、地球という社会−生態システムを維持するためには、根本的な社会変革が必要だとする国際的な共通認識が形成されてきている。2015年に国連で採択された持続可能な開発目標（Sustainable Development Goals: SDGs）では、「環境が保護され、経済が活性化し、社会の公正さや公平が実現される質の高い社会の実現」を目指し、すべての事業者、国民が目標達成に向けた活動

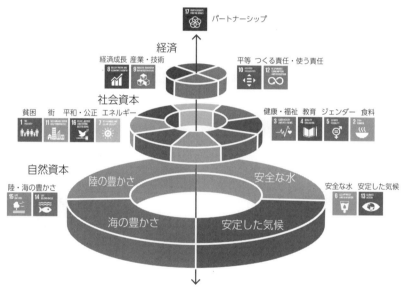

図1. SDGsのウェディングケーキ[2]

に取り組むことが求められるようになった。

　ストックホルム・レジリエンスセンターの考え方によると、SDGsの17目標の中で「陸の豊かさ」、「海の豊かさ」、「安全な水」、「安定した気候」といった"自然資本"がすべての目標を支える基盤であり、それらの保全は、すべての事業者が活動目標に組み込んでいくべき事項とされる（図1）。なお、ロックストローム＆クルム（2018）は、持続可能な開発を、「地球上で安全で公正に活動できる空間内で、すべての人が良好な生活を追求すること」と再定義すべきだとしている。

2020年にまとめられた地球規模生物多様性概況第5版（Global Biodiversity Outlook5：GBO5）では、「今までどおり」から脱却し、社会変革していかなければ生物多様性の損失を止めることはできないと提言された。そして、2022年12月、第15回生物多様性条約締約国会議（CBD-COP15）で、「2030年までに生物多様性の損失を止め、回復軌道にのせること（nature positive；自然再興）」が宣言された。

　そもそも産業革命以降の世界では、「人間が自然からの許可なく資源を利用できる」とする人間中心主義による世界観に基づいて制度やモノ（商品、インフラ、ランドスケープ、環境など）がデザインされてきた。こうした人間中心的なデザインは人間社会に繁栄をもたらしたが、人間以外の様々な存在を含む社会－生態システムとしての地球の安定性を低下させ、不確実性を高めてきた。人間中心的なデザインが行われてきた背景には、「特定の人間の意図をもって考えぬかれたデザインと計画が、社会の自生的な力よりも優れているという信念」がある（ハイエク 2009）。だが、それが地球環境全体に「意図しない影響」を与えている以上、この信念は根源的に再構築されるべき段階にきている。

　「生物多様性及び生態系サービスに関する政府間科学－政策プラットフォーム（ipbes）」によって示された「自然の多様化価値と価値評価の方法論に関する評価報告書（2022）」では、人間中心主義の世界観に基づく価値のみならず、多元的な世界観に基づく価値を認めていくことが大切だとされる。人間中心主義の世界観では、人間は「自然により生きる存在」や、「自然の中で生きる存在」として捉えられる。他方、多元的な世界観では、人間は「自然と共に生きる存在」さらには「自然として生きる存在」として捉えられる（表1）。

表1．自然に対する価値観と環境政策に関する世界観の関係

自然に関する価値観	自然により生きる Living from	自然のなかで生きる Living in	自然と共に生きる Living with	自然として生きる Living as
	産業基盤としての自然	心身の健康の源としての自然	自然に対する責任	自然との調和・一体化
環境政策に関する世界観	人間中心主義		多元主義	

IPBES (2022) より作成。

日本における国や自治体の動き

　日本では1993年に生物多様性条約を締結した後、1995年に最初の生物多様性国家戦略が制定された。以降、2007年、2010年、2012年に改定が行われ、そして、CBD-COP15の結果を受け、2023年3月に「生物多様性国家戦略2023－2030〜ネイチャーポジティブ実現に向けたロードマップ〜（以下、国家戦略）」が制定された。この国家戦略では「生物多様性は地域によって様々な特性を有することから、管理や保全に当たっては地域レベルでの実効性ある取組を推進することが重要であり、地域の実情に即した目標や指標の設定、具体的な施策などを盛り込んだ計画の策定が不可欠である」としており、「生物多様性地域戦略策定の推進」が重点的施策としてあげられている。

　各国政府での「生物多様性国家戦略の策定時における地方自治体の関与」の確保、生物多様性国家戦略を支援する生物多様性地域戦略の策定や改定」の促進は、CBD-COP9（2008年）で目標に掲げられ、我が国では2008年成立の生物多様性基本法によって、地方自治体による生物多様性地域戦略（以下、地域戦略）の策定が努力義務化された（奥田 2013）。これにより、2022年時点では、47都道府県ではすべての自治体で、20政令指定都市では19の自治体で、地域戦略が策定されている。けれども、基礎自治体である1721市区町村での策定は、107自治体（6.2％）にとどまっている（東 2022）。今後、新たな国家戦略の枠組を活用した基礎自治体での地域戦略の策定や、都道府県や政令指定都市での地域戦略の改訂を推進していくことが求められている。

　環境省の「生物多様性地域戦略のレビュー（2017）」によると、特に基礎自治体では自然環境を担当する部局が確立されていないことが、地域戦略の策定が進まない理由とされる。人的資源や予算が不足し、そして、地域活性化が自治体で優先される課題となっている中で、地域戦略の策定目的を自然環境の保全のみに限定してしまうと、地域戦略をつくるインセンティブ（動機）は得にくくなる。

　このような中で宮崎県綾町では、ユネスコ・エコパークを核としながら、照葉樹林文化の保全、有機農業の推進、地場産業の育成の3本柱でまちづくりを推進し、町のイメージを高める取組みによって、観光客の増加と都市からの新規移住者の増加という成果を生み出している（桝潟 2004）。その取組みを支える

基本計画として、綾町内に設置されたユネスコエコパーク推進室によって生物多様性地域戦略が策定されている。兵庫県豊岡市ではコウノトリ共生課がコウノトリの再野生化と農業展開、新潟県佐渡市では農林水産課がトキの再野生化と農業展開を結びつけた地域戦略を、それぞれ策定した。千葉県いすみ市では農林課が環境と経済をつなぐ里山里海再生を目指して地域戦略を策定している。これらは、農業などの一次産業と生物多様性の保全とを連動する形で、農業政策に関連する部署などが地域戦略を策定している例である。また、北海道礼文町では持続的な観光を推進するために、産業課が生物多様性地域戦略を策定してきている。そして兵庫県伊丹市では、都市緑地法に基づく緑の基本計画と生物多様性基本法に基づく生物多様性地域戦略を統合し、伊丹市生物多様性みどりの基本計画を都市交通部みどり自然課が策定している。このように、地域の実情に応じて環境部局以外の部局が生物多様性地域戦略を策定し、生態系を活用しながら地域に内在する課題を統合的に解決しようとする動きがでてきている。

　これらの地域戦略は、GBO5によって示された「自然に根ざした解決策（Nature-based Solutions: NbS）」の概念に沿うものでもある。国際自然保護連合（IUCN）は、NbSを「社会課題に順応性高く効果的に対処し、人間の幸福と生物多様性に恩恵をもたらす、自然あるいは改変された生態系の保護、管理、再生のための行動」と定義し、気候変動、自然災害、社会と経済の発展、人間の健康、食料安全保障、水の安全保障、環境劣化と生物多様性損失の7つの社会課題に取り組むものとしている（古田 2021）。

地域社会でのボトムアップ活動の必要性

　前節で述べたように、生物多様性を保全していこうとする際の最も中核的な問いは、個々に異なった特性を持つ地域で実効的な管理の枠組みをどうつくっていくか、ということである。そのために考案された新たな枠組みがOECMである。

　OECMは、Other Effective area-based Conservation Measuresの略で、「保護地以外で生物多様性保全に質する地域」をさす。つまり、国立公園など、自

然を保護することが法律で定められた地域以外でも、生物多様性の保全上意義があり、管理体制がしっかりとしている地域について、そこが民有地であっても、申請に基づき保護区として世界的に認めていこうというものである。地域社会によって管理された保護区のほうが、国によって指定された保護区よりも効果的に生物多様性が維持されることが知られており、政府の法による規制により保護区を設けていくよりも、それぞれの地域で具体的な保全のあり方が検討され、地域主体で保護・保全活動が進められることが重要だと考えられるようになってきたのだ（Bhola et al. 2020; Maxwell et al. 2020）。CBD-COP15では、ネイチャーポジティブを実現するために、OECMの設定を各国で積極的に進めていくとの認識が世界的に共有された。

　NbSにしてもOECMにしても、自然資本としての生態系を活用し続けるためには、その生態系の質を落とすことなく、あるいは、質を向上させながら将来に引き継いでいく必要がある。そして、その実践は全国どこでも画一的に行い得るものではなく、個々の地域の自然や社会の状況に即した考え方や手法が必要だ。また、その担い手があってこそ成し遂げられる。

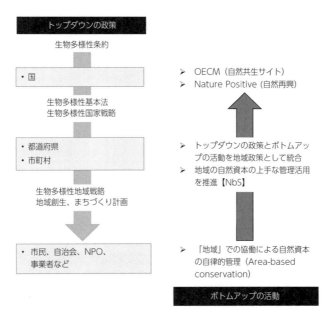

図2. 生物多様性を守り、活用するためのトップダウン－ボトムアップの流れ

　たとえば、日本の農村地域では、生活様式や産業構造の変化に伴って、人の

暮らしの営みの一部として維持されてきた里山が利用されなくなったこと（アンダーユース）や、水田や畑地での農薬・肥料の大量使用による生物多様性の劣化が問題となっている。中山間地域では過疎化や高齢化、経済の停滞などの課題が大きい。それら課題の表出の様態は、地域ごとに異なっている。そのため、政府などが全国に号令するようなトップダウンの仕組みだけでは対応が困難であり、土地所有者、周辺地域住民、事業者、NPO、研究者、行政などとの協働によるボトムアップの活動と、協働を支えるローカルガバナンスの仕組みがそれぞれの地域の中で自律的に生み出される必要がある（図2）。基礎自治体の役割は、地域の意見をワークショップなどで汲み取りながら、国や世界の動きにそった文脈に読み替えることで、トップダウンとボトムアップの結節点として地域戦略を策定・推進することである（白川 2022）。

自律的なボトムアップ活動をマネジメントするための枠組み

　ともすれば生態学者は、景観や生態系の構造と機能との関係を明らかにすることこそが、自然を守り、地域の景観や生態系からのサービスを持続的に得るための自律的活動を支援することだと思いがちである。それは必要不可欠ではあるのだけれど、それだけでは不十分である。景観や生態系に内在する機能に価値を付与し、そして、景観や生態系に働きかけながら持続可能な形で生態系サービスとして取り出していくためには、どのような組織・人が維持管理のための調整および活動を展開し、そのコストを誰がどのように支払うのか、そして、それらを支えるためにどのような制度・仕組みが必要なのか、また、活動の創出・継続のインセンティブ（動機）となるものが何なのかを、地域社会の文脈の中で理解し、合意が得られなければ前には進まない（鎌田 2022）。そのようなことから、環境省は自律的な協働活動を各地に広げていくことを目指して、優れた地域の活動をモデルとして示してきている（環境省地球環境局国際連携課・大臣官房環境計画課2019）。けれども、活動の表層を紹介するだけで、他地域で利用可能なものにはならないだろう。では、先進地域の活動から何をどのように学び、何をどのように伝えていけば、他所で利用可能な知識となるのだろうか。

先進地域での活動を分析した宮内（2013）は、環境保全や自然資本管理をうまく行っていくためには、社会的しくみ、制度、価値を、その地域ごと、その時代ごとに順応的に変化させながら試行錯誤していく「順応的ガバナンス」を機能させることが必要で、その本質的な枠組みを「試行錯誤とダイナミズムを保証する」、「多元的な価値を大事にして複数のゴールを考える」、「地域の中で再文脈化を図る」として提示した。

桑子（2016）は、協働のプロセスは、合意のないスタート地点から始めて合意というゴールへ至るプロセスを円滑に進め、参加者が納得できる実りある成果（納得解）を得ることができるようにする、合意形成のプロセスであるという。豊田（2017）は、合意形成プロセスに必要な枠組みを3つの段階に区分して示した。1つ目は「アセスメントと話し合いの設計」であり、人々の多様な興味・関心（インタレスト）の中に潜んでいる意見や利害の衝突（コンフリクト）の可能性を把握し、表面下にあるコンフリクトの回避、ならびに顕在しているコンフリクトの解決に向けた話し合いを考えていく段階で、そのために話し合いの目的、テーマ、意見収集の方法について検討を行い、状況に応じた対話の場を設計する段階だ。2つ目の段階は「話し合いの実践」で、話し合いやワークショップの場で共に考える意識が高まるような空間レイアウトを考え、話し合いの進行（ファシリテーション）、意見の収集、記録などを行いながら合意を形成していく。そして、3つ目は「評価と合意内容の具体化」であり、タイムラインを示しながら、連続する話し合いの場をマネジメントするとともに、話し合いのプロセスで見えてきた課題や合意形成の成果を踏まえて、テーマとプロセスを柔軟に再設計して、合意事項を具体化していく最終段階である。

上記のような先進地域の活動で見出される順応的ガバナンスや合意形成プロセスの枠組みは、他地域での活動を生み出したり運営したりしてくうえでの大事な考え方を示してくれる。けれども、他地域でのプロセスをデザインするための技術・ツールとして使っていくには、この解像度での知見では荒すぎるように私たちは感じていた。宮内（2017）も、具体の活動を進める技術は「活動を推進する個人に埋め込まれている」と述べる。これを一般化すると、「あのような人がいればできる」ということになるが、それでは他の現場への知見の橋渡しにはならない（宮内2017）。むしろ、「あの地域には〇〇さんがいるから、あんなにうまく活動を展開できたのだ。うちには〇〇さんのような人はいないからねぇ」という、あきらめや言い訳を生み出すことになってしまう。

他の地域でも使えるやり方を見つけるために

　自然資本としての生態系を活用し続けるための協働を展開してきている先進地域の活動事例から見出し、共有していくべきものは、活動を推進してきた実践者が直感的な判断に基づき試行錯誤しながら蓄積してきた「現場を動かしていくための経験則に基づく技術」である。本書が目指すところは、著者ら自身が実践者として関わってきた地域で、どのように活動目標が合意され、活動が創生され、活動に関わる人が増やされ、継続されてきたのかを、できる限り具体的・詳細に記述すること（第2部）、そして、実践者が各段階で何を考え、どのように対応してきたのかを外部者の視線で浮き上がらせ、その経験則を広く共有して活用できるようにしていくことだ（第3部）。以下で、本書の著者らが地域で採用してきた手法と、経験則を浮かび上がらせるための手法について、簡単に紹介しておこう。

（1）アクションリサーチ
　地域の自然の保全をとおして社会をより良いものにしていこうとの思いをもつ研究者や専門家、また、実務者にとって（以下、これらを研究者として表現する）、地域は研究と社会変革の実践が出会う場である。社会変革の実践と出会った研究者は、「"中立的な傍観者"ではなく、望ましい変化の方向について考えと立場を明確に示す」ことをとおして、アクターの一人として地域の人たちと協働し、より良い地域をつくるための意思決定に関与していく。この過程で、研究者は地域に内在する意思決定の仕組みや、関係者が持つ考えを分析して、理解しようと努力する。そして、関係者が気持ちよく参加してコミュニケーションできるようマネジメントしていこうともするだろう。「参加者と研究者が、協働を目的とするコミュニケーションのプロセスを大切にしながら知識を共創し、このプロセスで得られた意味を社会的アクションにつなげていくこと」は、アクションリサーチと呼ばれる（グリーンウッド＆レヴィン2023）。「実践としての超学際（第2章参照）」と言ってもよい。
　第2部では、「アクションリサーチ」もしくは「実践としての超学際」を実践してきた研究者によって、沖縄県恩納村（第4章）、新潟県佐渡市（第5章）、京都市

宝が池の森（第6章）、広島県北広島町（第7章）、沖縄県金武町（第8章）、徳島県（第9章）で、資源管理の協働実践が展開していくプロセスや、ボトムアップで創出された活動が地域の総合政策や生物多様性戦略に落としこまれていくプロセスが描き出される。第2部で描き出されるストーリーの背後には、望ましい変化の方向について、考えと立場を明確に示しながら地域のステークホルダーと信頼関係を構築し、そして、協働の創出をマネジメントしながら目標とする成果を生み出してきた、実践者としての自負がある。

一方で、そうした記述が「独りよがり」や「単なるストーリーテリング」にならないかとの恐れもあった。これを回避するために、執筆者を含む研究グループでワークショップを繰り返し、それぞれの地域で創出されてきた協働プロセスを相互に分析し、評価してきた。また、地域に入り込んで研究・実践活動を行ってきた景観生態学者や地域のステークホルダーに、社会科学者である田村、大元、鎌田安里紗（以下、鎌田（安））が社会科学的側面からインタビューを行い、研究者が果たした役割や経験則を抽出することで、協働プロセスを分析して、外的信頼性を向上させようともした。第2部には、こうした試みも盛り込まれている。

(2) パターン・ランゲージ

地域の人たちとともに動きながら「アクションリサーチ」もしくは「実践としての超学際」を行ってきた個々の研究者には、協働の活動を動かしていくための経験知が蓄積している。そのような活動を推進する個人に埋め込まれている知識や技術を抽出し、他地域でも利用可能なように「超文脈的にモデル化する」（グリーンウッド＆レヴィン2023）手法として、本書ではパターン・ランゲージを採用し、その結果を第3部で紹介する。パターン・ランゲージについては第3章で詳しく解説されるが、その手法は、個人の中に蓄積していた暗黙的な経験則を他者にひらくことを可能にするものとして、様々な場で展開され活用されてきている。

研究者間でのワークショップの中で、「そもそも、地域に入り込んで研究や協働活動を行っている景観生態学者は、景観や地域社会をどのように見ているのか」という問いが、社会科学者側から投げかけられた。それに応える試みとして、長井が鎌田、丹羽、三橋、白川にインタビューを行って、第10章で景観生態学研究者が持つ"観点の曼荼羅"を浮かび上がらせる。そして、鎌田（安）が

中心となって自然資本管理の協働プロセスに関わってきた鎌田、丹羽、岩浅、白川、三橋、飯山、大元、田村にインタビューを行い、これら研究者に埋め込まれている知識や技術を抽出し、第11章でパターン・ランゲージとして描きだす。

　本書をとおして伝えられる、多様な主体による自然資本管理を進めるための背景や理論（第1部）、各地での協働の展開プロセス（第2部）、パターン・ランゲージ（第3部）が、他の様々な地域での自然資本の協働管理を促進するためのヒントとなり、そして、より広域なスケールでの社会変化につながっていくことを期待したい。

本書の支えとなったプロジェクトとその経緯

　鎌田磨人（景観生態学／徳島大学）は、自然資本管理を協働で進めていくのに必要な目標設定のあり方、多様で多元的な主体間の合意形成の進め方、そのために準備すべきプラットフォーム、マネジメント技術などをまとめ、地域の個性に応じてプロセスをデザインできるツールキットを開発・提供するため、飯山直樹（環境計画学／NPO徳島保全生物学研究会）、丹羽英之（景観生態学／京都先端科学大学）、三橋弘宗（保全生態学／兵庫県立人と自然の博物館）、大元鈴子（認証地理学／鳥取大学）、田村典江（資源管理施策論／事業構想大学院大学）、鎌田安里紗（パターン・ランゲージ／慶應義塾大学／以下、鎌田（安））に集まってもらって、（公財）日本生命財団・学術総合研究助成による研究プロジェクト「多様なセクターの参加による自然資本管理のための論理と技術」をスタートさせた（2021年10月～2023年9月）。その後、プロジェクトの推進過程で、ハイン・マレー（超学際研究／前・総合地球環境学研究所／京都府立大学）、岩浅有記（自然環境政策論／前・環境省／大正大学）、白川勝信（景観生態学／前・芸北高原の自然館／登別市観光交流センター）、長井雅史（パターン・ランゲージ／慶應義塾大学）、井庭崇（パターン・ランゲージ／慶應義塾大学）の参画が得られることとなった。以下、メンバーが持つバックグラウンドを紹介しながら、こうした

多様性と多元性を内包する研究チームを形成してプロジェクトを推進したことの意図、この本をとおして達成したい目標について説明しておこう。

　鎌田は、2020年、日本景観生態学会長として、学会メンバーとともに「次期・生物多様性国家戦略で推進すべき事項についての提案」をとりまとめて環境省に提出し、国家戦略改定に関する支援を行っていた。また、徳島県では市民団体や研究者からなるネットワーク組織としての「生物多様性とくしま会議（以下、とくしま会議）」の共同代表として、民官学協働での「生物多様性とくしま戦略（以下、とくしま戦略）」の策定プロセスを支援し、同時に、徳島県環境審議会自然保護部会長、徳島県希少野生生物保護検討委員会委員長として、公的な立場からもとくしま戦略の策定・改訂を担ってきてもいた。NPO徳島保全生物学研究会の理事である飯山は、とくしま会議の事務局を、鎌田とともに担ってきていた。丹羽は、鎌田とともに沖縄県金武町と京都市で、マングローブの保全活用、都市内里山の保全再生のための研究と実践活動を行っていた。これらが契機となって、金武町では副町長を会長とする「億首川マングローブ保全・活用推進協議会」が立ち上げられ、鎌田と丹羽は技術部会の運営を任されていた。また、京都市では市民団体、地元自治会、行政、研究者などからなる「宝ヶ池の森保全再生協議会」が立ち上げられ、丹羽が事務局、鎌田が監事（現・副会長）としてその運営を支援していた。三橋は、「次期生物多様性国家戦略研究会」や「民間取組等と連携した自然環境保全（OECM）の在り方に関する検討会」に参加して国の施策立案支援を行う一方で、博物館という開かれた施設の特性を活かして、自然資本の保全を担う団体や事業者とのネットワークを構築しながら、兵庫県内各地で保全・再生活動を創出・展開していた。岩浅は、環境省自然保護官として佐渡に赴任し、地域のステークホルダーとともにトキをシンボルとして環境保全型農業を展開することに取り組み、トキの保全に関わるアクターを増やしてトキ放鳥を実現に導いた。白川は広島県北広島町で、協働による自然資本管理の仕組みを創り上げ、草原や里山の再生活動を地域社会に根付かせていた。大元は、モズクの生産者である恩納村漁協や加工製造業の井ゲタ竹内と信頼関係を構築しながら、産業連関による資源管理の仕組みを調べ、また、ローカル認証の仕組みを用いて地域の活動を支援しようとしていた。田村は、様々な地域の一次産業の場で生産者などによって創出された協働による保全活動の調査と支援を

行いながら、その理論化を試みてきていた。

　このように、景観生態学や保全生態学などを基盤にもつ鎌田、飯山、丹羽、三橋、岩浅、白川は、世界や国の施策・目標を察知・理解しながら地域に入り込み、それぞれに10年以上の時間を使って保全すべきだと考える生態系の調査・研究を行いながらステークホルダーに働きかけ、ガバナンスの仕組みを構築し、個々の地域に即した実践の枠組みを創出してきていた。一方、大元、田村は、社会科学の視点をもって資源管理の協働活動に参画して、その仕組を把握するとともに、生産物の価値を向上させるための支援を行ってきていた。このプロジェクトでは、まずは、これらメンバーそれぞれが地域で実践してきたボトムアップによる自然資本管理の協働活動の創出・展開プロセスを、なるべく詳細に描き出すこととした。また、メンバーが持つ専門性や関わってきている活動の非対称性を活用して、個々のメンバーが創出・経験してきた協働プロセスを相互に比較・分析し、共通性や異質性を把握するためのワークショップを繰り返した。そして、世界各地の自然資本管理の現場でマネジメントを担ってきたマレーが、僕たちが実践してきたことに対して、超学際という視点から理論的な枠組みを提供してくれることとなった。

　鎌田（安）と長井は、人・チーム・組織・社会の自然な創造性を支援するためのパターン・ランゲージの作成を牽引してきた井庭の研究室で、いくつものパターン・ランゲージを井庭とともに創出してきていた。鎌田（安）は、慶應義塾大学での修士論文で取りまとめたパターン・ランゲージを環境省に提供し、それは「SDGsを実践するための暮らしのヒント」として活用されている[3]。現在は、環境省の「自然共生サイト広報大使」として活動してもいる[4]。プロジェクトでは、鎌田（安）と長井がメンバーや地域のステークホルダーにインタビューを行って、協働活動の展開プロセスで直面した障壁を乗り越えるために考え、創出し、使用してきた「経験知」を抽出・集積した。そして、井庭の協力を得て、協働プロセスをデザインするためのパターン・ランゲージを作成した。これらの成果は、鎌田（安）の慶應義塾大学での学位論文「生物多様性・自然資本の保全のための協働実践の研究―パターン・ランゲージによる記述と分析―」の一部となり、そして、本書に反映された。

次には、この本の読者たちによって様々な場で創出される「知」と「技術」を共有していくためのプラットフォームを整え、空間的にも大きな広がりを持つ動きにしていきたいと、僕たちは思っている。

脚注

1) 2024年3月、国際地質科学連合は人新世を新たな地質年代と認めることを否決したものの、人新世というとらえ方は引き続き広く共有されており、1950年代以降、人間活動が地球環境に及ぼす影響が加速化していることについては広範な合意がある。
2) Stockholm Resilience Centre, The SDGs wedding cake. https://www.stockholmresilience.org/research/research-news/2016-06-14-the-sdgs-wedding-cake.html, 2024年11月29日確認.
3) 環境省, SDGsを実践するための暮らしのヒント. https://www.env.go.jp/nature/morisatokawaumi/patternlanguage.html, 2025年1月28日確認.
4) 環境省, 自然共生サイト広報大使. https://www.env.go.jp/nature/morisatokawaumi/oecmambassador.html, 2025年1月28日確認.

引用文献

Bhola N, Klimmek H, Kingston N, Burgess ND, van Soesbergeu A, Corrigan C, Harrison J, Kok M T.J. (2020) Perspective on area-based conservation and its meaning for future biodiversity policy. *Conservation Biology*, 35: 168-178.

古田尚也（編）（2021）特集—NbS 自然に根ざした解決策．生物多様性の新たな地平．*BIOCITY*, 86: 1-125.

グリーンウッドDJ・レヴィンM（2023）アクションリサーチ入門——社会変化のための社会調査（小川晃弘監訳）．新曜社，東京．

ハイエクAF（2009）思想史論集．春秋社，東京．

東広之（2022）生物多様性地域戦略の策定プロセスに関する一考察—基礎自治体の地域戦略策定段階における多様な考え方及び策定手法．人間と環境，48: 14-29.

井庭崇・岡田誠（2015）慶應義塾大学井庭崇研究室・認知症フレンドリージャパンイニシアティブ．旅のことば—認知症とともによりよく生きるためのヒント．丸善出版，東京．

井庭崇・長井雅史（2018）対話のことば——オープンダイアローグに学ぶ問題解消のための対話の心得．丸善出版，東京．

IPBES (2022) Summary for Policymakers of the Methodological Assessment Report on the Diverse Values and Valuation of Nature of the Intergovernmental Science-Policy Platform on Biodiversity and Ecosystem Services. IPBES secretariat, Bonn, Germany. https://doi.org/10.5281/zenodo.6522392, 2025年1月27日確認.

鎌田磨人（2022）景観生態学とは．（日本景観生態学会 編）景観生態学, 2-15. 共立出版，東京．

環境省自然環境局自然環境計画課生物多様性地球戦略企画室（2017）生物多様性地域戦略のレビュー. https://www.biodic.go.jp/biodiversity/activity/local_gov/local/files/review01.pdf, 2025年2月20日確認.

環境省地球環境局国際連携課・大臣官房環境計画課（2019）地域循環共生圏事例集―脱炭素化・SDGsの実現に向けた日本のビジョン. 環境省. http://chiikijunkan.env.go.jp/pdf/jirei/jirei1_all.pdf, 2021年9月24日確認.

桑子敏雄（2016）社会的合意形成のプロジェクトマネジメント. コロナ社, 東京.

桝潟俊子（2004）行政主導による「有機農業の町」づくり. 淑徳大学社会学部研究紀要, 38: 95-124.

Maxwell SL, Cazalis V, Dudley N, Hoffmann M, Rodrigues A S.L., Stolton S, Visconti P, Woodley S, Kingston N, Lewis E, Maron M, Strassburg B B.N., Wenger A, Jonas HD, Venter O, Watson J E.M. (2020) Area-based conservation in the twenty-first century. Nature, 586: 217-227.

宮内泰介（編著）（2013）なぜ環境保全はうまくいかないのか――現場から考える「順応的ガバナンス」の可能性. 新泉社, 東京.

宮内泰介（編著）（2017）どうすれば環境保全はうまくいくのか――現場から考える「順応的ガバナンス」の進め方. 新泉社, 東京.

奥田直久（2013）生物多様性地域戦略の枠組みと現状. ランドスケープ研究, 77: 91-94.

ロックストーム J & クルム M（2018）小さな宇宙の大きな世界, プラネタリー・バウンダリーと持続可能な開発（武内和彦・石井菜穂子 監修）, 丸善出版, 東京.

白川勝信（2022）基礎自治体の生物多様性戦略.（日本景観生態学会 編）景観生態学, 210-213. 共立出版, 東京.

豊田光代（2017）地域協働による保全活動の推進に向けた合意形成. 日本生態学会誌, 67: 247-255.

第2章
多様な主体による自然資本管理を進めるために
――「実践としての超学際」という考え方

ハイン・マレー・田村典江

学術と社会の「際（きわ）」を超えての問題解決

　第1章で述べられたように、国が設定した自然保護区のような形ではなく、日常生活のごく近くから生物多様性保全に取り組むことがますます必要となっている。このようなボトムアップの保護活動には、おのずと多様な主体が関わることになるが、関わる主体のそれぞれは同じ対象を見て同じ目標に向かいながらも、異なる価値を見出している。生態系や生物多様性を保全するという科学的な価値はそのうちの一つにすぎない。たとえば、地域の自然が農林漁業や観光といった経済活動の基盤をなすという価値もあれば、地域の自然が豊かになることは住環境の向上やコミュニティの交流につながるという価値もあり、また、自然が地域の伝統や文化の維持につながるとする価値もある。日常生活に近いところで行われる保全活動の多くは、様々な人々が異なる価値を持つ、多様性と多元性の中で相互に関わり合って行われている。

　近年、地球規模の環境危機を関心領域とする地球環境学や持続可能性科学といった研究分野では、研究者が多様な主体と相互に連携して取り組む研究が重要だとする考え方が広がっている。このような考え方を超学際（transdisciplinary）研究という。従来、よくいわれてきた学際（interdisciplinary）研究は、「学問分野の際（きわ）」を超えた問題の探究を重視していたが、超学際研究ではそれをさらに進め、「学問と社会の際（きわ）」を超えて問題解決を図ろうとしている。

　超学際の簡潔な定義として、次の3つがあげられる。（1）複雑な現実社会の

問題を解決しようとする、(2) 異なる知識システムの間を橋渡ししようとする、(3) 相互学習から新たな知識を生み出そうとする。提唱者によっていくらか異なる理解があるが、たとえば「アクションリサーチ」、"co-design & co-production"、「参加型研究」、「参加型学習」と「行動（PLA: Participatory Learning and Action）」などは、いずれも超学際と同様の手法といえるだろう。

　超学際研究が必要とされるようになった理由は、現代の社会問題の性質に起因するところが大きい。現代の社会問題には、「事実が不確かで、価値が問われ、利害が大きく、決定が急がれる」（Funtowicz and Ravetz 1993）、「知識が不確かで、問題の具体的な性質が問われ、問題に影響を受ける人々と問題を扱う人々の利害が大きい」（Pohl and Hirsch Hadorn 2007）、といった特徴がある。

　背景には、内容がはっきりしない、多様な原因がある、因果関係が不明、社会的に複雑、多分野にまたがるといった特徴を持つ「やっかいな問題（wicked problem）」が生じていることがある。「やっかいな問題」には複数の「正当な視点」が同時に存在するし、時としてそれらは互いに矛盾することさえある。場合によっては一定の正しさを有するグループ同士が衝突することになるので、問題解決の道筋をひとつの視点で見るだけでは十分ではない。「やっかいな問題」を解決するために、研究者が中立な視点から科学的な知を提供し、実務者がその知を活用するという従来の図式は、うまく機能しないのである。

　自然資本をうまく活用し地域レベルで実効的な管理枠組みをつくりながら生物多様性を維持することは、間違いなく「やっかいな問題」だ。生物多様性の価値については研究者間ですら議論があるし、人間の社会経済と多様性保全はトレードオフの関係にあるとみなされがちである。この問題を乗り越えていくためには、結局のところ、超学際的な態度をとることで研究者と"その他"という二項対立を超える必要がある。

　筆者らは、本書で取り扱われる事例はこの超学際の枠組みに位置づけることができる、と考えている。そこでこの章では、本書で取り上げられるような多様な主体が関わる自然資本管理の活動が、なぜ地球環境学や持続可能性科学において重視されるのかについて解説するとともに、これからのボトムアップな保全活動において、超学際的なモードをとることの重要性を提示する。

プラネタリー・バウンダリー

　生物多様性の喪失は、気候変動とならぶ現代の代表的な地球環境危機の一つだ。現代、すなわち21世紀前半の地球環境問題には、前世紀までの環境問題と大きく違うところがある。それは、地域と地球の関係である。

　前世紀の環境問題は、多くの場合において、地域の問題であった。日本であれば水俣病、新潟水俣病、イタイイタイ病、四日市ぜんそくの四大公害が代表的だが、原因と結果がはっきりしており、その影響は特定の地域において現れた。そのため排出源となる事業の規制、地域住民の行動変容、新たな法の制定などによって問題を解決することができた。また住民運動は、これらの問題解決を大きく前進させるための力となった。

　これに対し、現代の地球環境危機では、地域の問題が地域で終わらず、直接的に地球規模の問題とつながっている。ある特定の地域でのみ生物多様性が失われているわけではなく、世界中のあらゆるところで、同じ問題が起こっていて、一つひとつの地域の問題が地球規模の問題を構成しているのである。

　総合的にみて、地球はどうなっているだろうか。それを知る手がかりとなるのが第1章にあげた「プラネタリー・バウンダリー（地球の限界）」という概念だ。2009年に初めて提唱されたこの概念では、地球という惑星のシステムとしての安定性を支えている9つのプロセスを特定し、一つひとつのプロセスに、ここを超えると安定性が失われるという「限界」があることを定量的に示した。提唱者である科学者たちは、地球システムについて、「限界」の内にとどまる間は人間活動は安全だが、いったん外側に踏み出すと大規模または不可逆的な環境変化に見舞われ元の状態に戻れない、としている。2023年に公表された最新の改訂版では、9つのプロセスのうち6つが限界を超えていることが示されており、地球が人間にとって安全な領域ではなくなるかもしれないと強く警鐘を鳴らしている（図1）。

　プラネタリー・バウンダリーは、個別の問題ではなく複数の問題を俯瞰的に見通せること、超えてはいけない「限界」を定量的に示していること、「限界」に対する現状評価を定期的に更新していることなどの点で、地球環境の現状を把握するためにわかりやすいツールであるが、加えて、私たちに2つの重要な

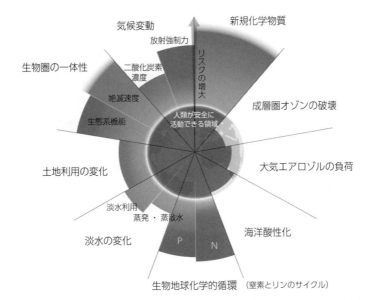

図1．プラネタリー・バウンダリー（地球の限界）。9つの地球のシステムのプロセスについて、限界内（白線の内側）であれば安全な領域にとどまっていること、限界外は安全な領域から飛び出してしまっていることを示す[1]。

示唆を与えている。第一に、地球というシステムの自己調節機能が破壊され、安定性が失われつつあること、そして、このような前例のない、人類史上初めての変化が急速に進んでいることだ。

　生物多様性を例にとってみよう。地質学的にみれば、地球はこれまでにも何度か生物の絶滅を経験してきている。特に規模が大きかった5回の大量絶滅イベントは「ビッグファイブ」とよばれるが、この中にはたとえば、白亜紀末の恐竜の絶滅などが含まれている。

　そして、今、私たちは第6の大量絶滅イベントの最中にあるのではないかとの懸念が広がっている（ブラネン 2019）。その絶滅を引き起こしている原因は、過去のそれらと大きな違いがある。過去の大量絶滅は、隕石の衝突や巨大火山の噴火など地球というシステムそのものの大きな変化にともなうものであったのに対し、現在進行形の生物多様性の危機は、森林伐採や宅地化、埋め立てなどの土地利用の変化、放棄森林や耕作放棄地の増加などの人間の関わりの低下といった人間活動の変化に伴って生じている。農薬や殺虫剤に代表される化学薬品の使用の増加や、放射性物質、マイクロプラスチックなど、人間活動に由来する新たな化学物質の増加も、生態系にとって大きな脅威である。こうした人

間活動によって、生物の絶滅速度を1,000倍にも加速させているといわれている[2]。

　生物多様性の喪失だけでなく、気候変動や土地利用の大規模な変化、栄養塩循環の乱れといったプラネタリー・バウンダリーを構成するその他のプロセスについても、同様の構造がある。地球というシステムのあらゆるところで、これまでにない急速な変化が、人間の社会経済活動によって引き起こされている。このような理解が、人新世という概念の形成につながっている。

求められている持続可能な社会へのトランジション

　プラネタリー・バウンダリーが示すように、現代の地球環境危機は複数の異なる問題が絡まりあって地球の自己調節機能を破壊することで生じており、地球環境が全体として悪化している。その根源には、人間の社会経済活動があるのだから、この状態から抜け出すためには、個別の問題解決ではなく、人間の社会経済というシステム全体が、現在とはまったく異なる状態へと変化する必要がある。このようなある状態から異なる状態への変化、そして多面的かつ分野横断的で大規模な変化をトランジション（転換：transition）と呼ぶ。私たちには持続可能な社会に向けたトランジションが必要だ。

　持続可能な社会へのトランジションとは、既存の産業や社会－技術システムを大幅にシフトさせて、社会全体がより持続可能な生産・消費様式に変化することを意味する。過去にも人類はいくつかのトランジションを経験してきたが、その時、トランジションはどのように起こったのだろうか。

　トランジション研究という学問分野では、その理論化にあたり、生態学のレジーム・シフトの概念に着想を得ている。生態学でのレジーム・シフトとは生態系がある安定した状態（レジーム）から、他の安定状態（レジーム）へと移行することを意味するが、トランジション研究者たちはこれを社会－生態システム、あるいは社会－技術システムに応用することで、長期にわたる社会技術的変化が、社会をあるシステム状態から新しい状態へとどのようにトランジションさせるかを探求し始めた。たとえば、18〜19世紀にかけての帆船から蒸気船への移り変わりは、船舶用蒸気機関の技術開発や鋼鉄船の設計だけが原因ではなく、

漸進的かつ段階的な過程があった。具体的には、石炭供給網の確立、電信・郵便サービスの発達、海運保険の発達、新しい情報形態（商業新聞、貿易雑誌）、新しい制度（市場取引を行うための公的な取引所、商法、より洗練された信用手段など）といった、産業、制度・政策、金融システム、情報通信など様々な分野の変化が関与していた。さらに、これらの変化を取り巻く国際貿易の拡大、植民地主義の強化、西洋支配の拡大というより広範な背景があった。帆船から蒸気船への転換はこのような広範な背景の変化の中で生じ、同時にその背景の拡大にも貢献した（Geels 2002）。

このように、社会技術的なトランジションとは、根本的な変容が多面的に絡み合ったプロセスを伴う。Loorbach and Shiroyama (2016) は「トランジションとは、社会システムまたはサブシステムにおける構造的変化のことである。経済的、文化的、技術的、制度的な発展が様々なスケールで共進化した結果、ある分野や領域（サブシステム）における企業、組織、制度、個人間の関係が根本的に変化する。組織を超越したイノベーションであり、多くのシステム変化から構成される」と述べている。

近年、トランジション研究者たちは、過去の変化の理解が現在進行中のグローバルな社会や環境の変化を理解するうえでどのように役立つのか、さらに、そのような理解が持続可能性を支えるガバナンス・政策の構築や持続可能な社会へのトランジションにどのように役立つのかについて理論化してきている（Loorbach et al. 2017）。その理論に基づくと、本書でとりあげる事例には、「ニッチ」や「戦略的なニッチのマネジメント」という概念を適用できる。

ニッチとは地域に根ざした小規模なイノベーションや取り組みであり、トランジション理論ではトランジションのプロセスはニッチから始まると考えられている。多くの場合、ニッチは、恵まれた、または保護された環境で発生する。たとえば、何らかの補助金があって初期段階の開発費を賄うことができた、とか、軍のなかで開発された、といったようなものである。ニッチは安全に社会実験を行うことができる場であり、人々はその内部で、プロセスを学習したり、イノベーションを支える社会的ネットワークを構築したりすることができる。

トランジション研究では、トランジションの芽となるニッチのイノベーションは、まず小規模な地域的実験から始まり、他の場所での再現、規模の拡大、主流への"翻訳"などをとおして徐々に広がり、成長していく。そしてこれらの結果、より広い体制に影響を及ぼすとされている（Seyfang and Haxeltine 2012）。ニッ

チ・イノベーションの成功が、より広域なスケールでのトランジションを導くという仮説である。

　本書で取り上げる、地域からボトムアップで生まれる保全活動はニッチとみなすことができる。そして、このようなニッチの成功がより大きなトランジション、つまり多様な人々が関わる生物多様性の保全の主流化につながる。そのため、こうした地域を起爆剤とし、他地域で新たに多くのニッチを生み出すこと、つまり、ニッチを増幅することが必要となる。

　トランジションは人々の行動の結果として生じるものなので行動を戦略的に企画することができれば、トランジションを起こしやすくなる。すなわち、トランジションを推進する過程、仕組み、関わる人々や集団を分析し理解してマネジメントすることで、トランジションを加速したり新しく導いたりすることできる。トランジションのマネジメントは、革新的なニッチ（イニシアティブ）とそれによってトランジションが引き起こされる"場"に焦点が当てられる。この"場"とは、新しい社会の状態を創出するために様々なアクター（フロントランナーなど）が活動を行っていて、それらアクターたちのビジョンがうまくつながることによってガバナンスが機能する空間を指す（Loorbach et al. 2016）。

　狭義の研究者・専門家のみならず、実務家などを含む超学際研究の活動は、トランジションを引き起こそうとしている地域の"場"での、戦略的行動の一部だと見ることができる。地域で繰り広げられている斬新な活動を把握して、それらアクターの取り組みをマクロレベル（たとえば日本全体）での代替案や解決策に転じられるよう戦略的に解釈・翻訳していくことはとても重要だ。

　地域は超学際研究志向を持つ研究者や専門家が社会変革の実践と出会う"場"である。この出会いはまた、地域のアクターたちに自分たちの活動が大きなトランジションにつながるものであることを気づかせ、地域の活動をマクロレベルのトランジションに結びつけていくことになる。これが本書の重要なメッセージである。

自然の保全を目指す研究者・専門家へのメッセージ

　世界中の学術論文を検索できるサイト「Google Scholar」を用いて、「超学

際」をキーワードに検索すると、2000年には410篇の論文しか出版されていなかったものが、2023年には7,010篇へと伸びている。この分野がいかに発展しているかを示している。しかし一方で、学術論文において、超学際は研究の様式として解釈されていて、21世紀の喫緊の課題を研究者の視点から解決しようとするものとして描かれている。ほとんどの場合、学術論文の著者は研究者であり、読者もまた研究者であることからすれば、これは当然のことかもしれない。しかし、この視点からは超学際は「単なる研究の枠組み」にすぎず、超学際とはすなわち、研究活動の一つにすぎないと誤認されてしまう。

　筆者らは、このような超学際に対するものの見方を補完するために「実践としての超学際」という概念を提案したい。「実践としての超学際」は現実の世界で日常の仕事や暮らしのなかで問題に取り組む人々や、問題に関連する何らかの責任を公的に負う人々、そして、超学際活動の結果に影響を受ける人々などの、当事者の立場や視点から始まる。ここでの超学際の本質は、多様なチェンジメーカーたちが問題解決に向けて緊密に連携することにあり、研究者は連携に参加する一人のアクターにすぎないということである。

　地球環境学あるいは持続可能性研究の分野では、地域の取り組みを持続可能な社会に向けたトランジションの芽とみなし、そこから革新的な地域の取り組みを生み出していくための姿勢として超学際を重要視している。これらはまさに、本書で取り上げるような"場"で生じていることだ。

　この書籍を手にしてくれた読者が、「実践としての超学際」に加わってもらえるよう、3つのことを指摘しておきたい。1つ目は、「実践としての超学際」をよりよく進めるためのツールキットやノウハウ集が、すでに多くの組織によってとりまとめられ公表されているということだ(Box参照)。本書の第3部でも、パターン・ランゲージとして新しいツールキットを提供している。活動を始めようとするとき、あるいは活動が停滞に陥り次の段階に向けた突破口を探しているとき、これらのツールを役立ててほしい。こうしたツールを利用しながら、持続可能性転換や超学際に関する研究を蓄積していくことが、他の多くの地域で新たな活動を創出していくためのヒントを与えるものとなっていく。つまり、ニッチを増幅させて、より広域なスケールでのトランジションを導くことにつながっていくだろう。

　2つ目は、特に若い"研究者"にとって重要なことだが、超学際やトランジションという視点を取り入れることで、自らの"研究"を"活動"と統合すること

> ## 「実践としての超学際」を進めるための
> ## ツールキット・ノウハウ集
>
> - サセックス大学、開発学研究所「参加型手法」；
>   参加型の活動を行うための情報源やツール集
>   https://www.participatorymethods.org/
> - 学際と超学際のための国際アライアンス（ITDアライアンス）「ITDツールキット目録」；
>   TDツールキットを探すためのポータル
>   https://itd-alliance.org/resources/toolkit-inventory/#dashboards
> - 「ブログ：統合と実装に関する示唆」；
>   複雑な現代社会の問題に対して研究が及ぼすインパクトを改善することを目的にしたコミュニティブログ、および情報源のリポジトリ
>   https://i2insights.org/

ができる。自然科学者のコミュニティでは（時には社会科学者コミュニティでも）、保全活動への関与は重要ではあるが研究ではない（研究業績にならない）ものと位置づけられがちである。しかし、「実践としての超学際」の枠組みの中では、実践自体がすでに研究になっているのである。そのような枠組みを取り入れることで、自らがアクターとなった保全活動について書き記すことができる。本書の第2部は、その試みである。

オランダの研究所DRIFTはトランジション研究の世界的な中心のひとつだが、そのウェブサイトでは、「私たちはアクション・リサーチャーであって"中立的な傍観者"ではない。望ましい変化の方向について考えと立場を明確にしている。そして、世の中を変えるための知識は、研究者だけでなく実務者によっても開発されると考えている」と述べられている。今のところ、このような姿勢は日本のアカデミア、特に自然科学では弱いかもしれないが、地域連携や社会連携などと重複する部分であり、今後、現実社会に関与していくうえでと

ても重要になるだろう。

　3つ目は、特定の地域で行われている「実践としての超学際」による活動が、地球全体のトランジションを導きうるということである。まずは、ローカルな現場で活動をはじめ、地域の意識を変革することが必要だ。それが大規模な変化の第一歩となる。次に必要となるのは活動の増幅だ。そのためには、同じような活動を行う他地域の取り組みと連携したり、あるいは地方や国といったより広い規模の枠組みに参加したりすることで、より大きなうねりを起こしていくことが求められる。こうした活動の中で違った種類のアクターと出会うかもしれない。その時には意識的にお互いについてよく学ぼうとすることが重要だ。同種のアクターで閉じず、多様なアクターがそれぞれの得意分野を活かしてうまく役割分担することができれば、より大きなうねりを起こすことができるからだ。そしてこのすべての過程、すなわち、小さな活動を成功させそれを他の活動とつなぎ、うねりを起こして、地方や国を変えていくという過程について、見通しをもって活動することが重要である。研究者・専門家や実務者だけでなく、その時々で、それぞれのアクターが持つ資源をうまく活用して活動を次の段階へと育てていくことで、より広範なトランジションをボトムアップによって成し遂げてゆけるだろう。

　地球上の様々な地域で「実践としての超学際」を行ってきた筆者（ハイン・マレー）から見て、日本の各地で多様な価値に基づいて行われている多くの取り組みが、地球規模の環境問題解決に向けたトランジションにつながる可能性を感じる。本書の読者には、個々の活動をより大きな視点から眺め、大きなつながりを意識してほしい。世の中に大きな変化を起こすためには、個別の事例がつながって大きな動きとなることが重要だからである。本書の執筆者たちがそうであったように、読者にも研究者・専門家としての知識・技術提供にとどまらず、それを超えて、トランジションのプロセスの触媒者になるのだという気持ちで活動に取り組んでいただければと思う。

脚注

1) Stockholm Resilience Centre, Planetary boundaries. https://www.stockholmresilience.org/research/planetary-boundaries.html, 2024年11月14日確認.

2）生物多様性，人間の活動による生物多様性の危機．https://www.biodic.go.jp/biodiversity/about/sokyu/sokyu04.html, 2024年11月14日確認．

引用文献

ブラネン P（2019）第6の大絶滅は起こるのか──生物大絶滅の科学と人類の未来（西田美緒子 訳）．築地書館，東京．

Funtowicz SO, Ravetz JR (1993) Science for the post-normal age. *Futures*, 25: 739-755.

Geels FW (2002) Technological transitions as evolutionary reconfiguration processes: A multi-level perspective and a case-study. *Research Policy*, 31: 1257-1274.

Loorbach D, Shiroyama H (2016) The Challenge of Sustainable Urban Development and Transforming Cities. In: Loorbach et al. (eds.), Theory and Practice of Urban Sustainability Transitions -Governance of Urban Sustainability Transitions, European and Asian Experiences, 3-12. Springer, Tokyo.

Loorbach D, Frantzeskaki N, Avelino F (2017) Sustainability transitions research: Transforming science and practice for societal change. *Annual Review of Environment and Resources*, 42: 599-626.

Loorbach D, Wittmayer JM, Shiroyama H, Fujino J, Mizuguchi S (eds.) (2016) Theory and Practice of Urban Sustainability Transitions -Governance of Urban Sustainability Transitions, European and Asian Experiences. Springer, Tokyo.

Pohl C, Hirsch Hadorn G (2007) Principles for Designing Transdisciplinary Research. Proposed by the Swiss Academies of Arts and Sciences, oekom Verlag, München.

Seyfang G, Haxeltine A (2012) Growing grassroots innovations: Exploring the role of community-based initiatives in governing sustainable energy transitions. *Environment and Planning C, Government and Policy*, 30: 381- 400.

第3章
パターン・ランゲージによる実践技術の共有

鎌田安里紗

パターン・ランゲージとは

　生物多様性・自然資本の保全に向けて、地域ごとに様々な試みが推進されている。地域間で互いに課題や優良事例を学び合うことも行われているが、土地の特徴や取り組むべき課題、人材や資金の状況も異なる中で、他地域の知見を自らの現場に活かすことは容易ではない。また、「あの地域には○○さんがいるから」や「キーパーソンがいたから上手くいった」など、よい結果が生み出された理由が属人的なスキルであるとの理解に終始してしまうこともある。パターン・ランゲージは、よい質の結果を生み出している人の経験則を抽象化、言語化、体系化することで、よい実践の本質を捉え、さらなる実践を支援するものである。本章では、実践の技術を他所でも応用可能な形で共有することを可能とするパターン・ランゲージについて解説し、その記述方法を解説する。

　パターン・ランゲージは、よい結果を生み出すための実践の本質を捉え、言葉にしたものである（井庭 2023）。もともと、Alexander et al.（1977）によって、良い街や建物に潜む共通するパターンを言語化する方法として提唱されたものであるが、その後、ソフトウェアデザインや教育、組織変革など様々な分野にも応用され、活用されてきた（Beck and Cunningham 1987; Bergin et al. 2012; Manns and Rising 2004）。日本においても、認知症を発症したご本人とご家族が認知症とともに生きる暮らしをより良くしていくための『旅のことば』（井庭・岡田 2015）や、地域の価値を高めながら訪れる人の心に残るおもてなしを提供するための『おもてなしデザイン・パターン』（井庭・中川 2019）、オープンダイアログの手法を元により良いコミュニケーションを実践するための『対話のことば』（井庭・長井 2018）

など、福祉や観光、ビジネスや教育など、幅広い分野で応用されてきている。

パターン・ランゲージでは、個人が持つ経験則を小さな単位で記述する。人は日々様々な経験を積むことで、意識的であれ無意識的であれ、特定の状況において、どのような実践を行うことがよい結果をもたらすかという知恵を獲得していく。こうした知恵は、明確な技術としてではなく、ちょっとしたコツや感覚的な良し悪しとして個人に蓄積されていく。そのため、他者にとって、場合によっては本人にとっても、その人個人の"センス"と感じられていることも多く、自分でもその知恵をうまく説明できなかったり、活用できなかったりすることもある（佐藤 2009; 井庭・梶原 2016）。そうした経験則の一つひとつを、ある特定の「状況」において、どのような「問題」が発生しやすく、どのような「解決策」をとることで、どのような「結果」がもたらされるのかという一連のパターンとして記述し（図1）、その内容を指し示す「名前」をつける。この「状況」「問題」「解決策」「結果」「名前」が一つのパターンのフォーマットであり（表1）、パターン・ランゲージは、こうしたパターンが複数集まったものである。

パターン・ランゲージとしてまとめることにより、それまで個人の暗黙的な

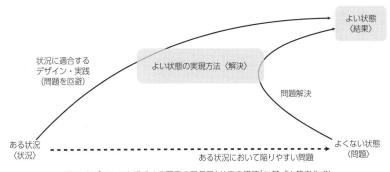

図1. 各パターンを構成する要素の関係図（井庭の講演[1]に基づき筆者作成）

表1. パターンの様式

項目	記述される内容
状況	この知恵が駆動される状況の記述
問題	その状況において生じやすい問題の記述
解決策	その問題を避けるためにとるべき行為の記述
結果	その結果もたらされる状態の記述
名前	パターンの内容を端的に表す言葉

知恵として蓄積されていた問題解決の技術を明示的に表現することができるようになる。また、この時、個別具体の事例を適度に抽象化して記述することで、個別の文脈を脱し、他者や他所でも応用可能となる（井庭・古川園 2013）。

パターン・ランゲージの作成方法

　パターン・ランゲージは、大きく分けて以下のプロセスで作成する（Iba and Isaku 2016; 鎌田ほか 2023）。まず、対象となるよい結果を生み出している実践者（たち）と対話をしながら、経験を聞き出していく対話型インタビューを行う。その際、「対象者が行った行為はどのようなものか（解決策）」、「その行為を行うことによって回避されたと考えられる問題はどのようなものか（問題）」、「その問題が起こりやすいのはどのような状況か（状況）」を把握するために、「活動が前進した際にはどのような出来事があったのか」、「問題が起きた時にはどのように対応したのか」、「象徴的な問題はあったか」、「そのような問題が起きたのはどのような状況であったか」といった鍵となる問いかけを発しながらインタビューを実施する。

　次に、インタビューから得られた記録群についてKJ法に基づいて、整理統合（クラスタリング）していく。KJ法は、川喜田（1967）によって創始された方法であり、複数人から得られた多様な実践の記録群について推論的に共通点を見出しながら整理していくことで、既存の枠組みでデータを分類するのではなく、新しい理解を生成していくことができる、というものである（田中・斎藤 2005; やまだ 2007; 髙橋 2011）。どのような問題解決の行為について語られている内容なのかという視点から「状況」、「問題」、「解決策」、「結果」のいずれかの共通性に目を向けつつ推論的に整理を行うことで、実践者の経験則を捉えていく。

　その後、クラスタリングによって得られた経験則のそれぞれについて、先述したパターン・ランゲージの様式に書き起こしていく。

パターン・ランゲージを使うと何ができるのか

　第2部で紹介されるような先進地域の取り組みは、事例集などで紹介されたり、視察が行われたりすることはあるが、出来上がっている仕組みそのものについて学ぶだけでは、いざ自分の地域で活動を起こしていこうと思った時に、活かしにくいものである。事例から学びを得て、自分の文脈に応用することももちろん可能だが、それをするためには具体的な事例において本質的に何が重要であったのかのエッセンスを抽出し、さらにそれを自分の状況に置き換えて応用的に実践するという力が求められる。パターン・ランゲージは、この「具体から抽象へ」そして「抽象から具体へ」という2つのステップの前半を行ってくれるため、パターンを読むことで、抽象化された他者の「経験則」を自分なりに活かすことが後押しされることとなる（図2）。つまり、パターンが「認識のめがね」となり、ある現象を見た時にその実践では本質的に何が行われているのかを認識することを支援できるようになる（井庭 2013）。

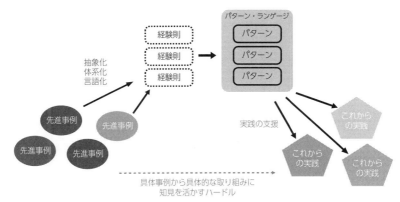

図2. パターン・ランゲージによる実践の支援

　また、一つ一つのパターンには「名前」がつけられているので、これが新たなボキャブラリーとなる。「机」や「りんご」という言葉は、多くの人に同じようなイメージ（定義・概念）を想像させるが、このように概念に名前をつけ、語彙が豊富になることで、対象についての理解を持ち、共有化することができるようになる。パターンが「コミュニケーションの語彙」となることで、よい実践

事例や他人の体験談を具体的に聞く時に、その本質を掴むことをサポートする（井庭 2013）。

具体的な活用のシーンとしては、たとえば以下のようなものが挙げられる。

(1) 実践共有

複数人で集まり、ともにパターンを読みながら、思い起こした自分の経験を語ったり、他者の経験を聞いて対話するワークショップがおすすめの方法である。具体的な方法としては、パターンを印刷したものや、パターンの一つひとつをカードにまとめたパターン・カードを手元に用意し、「これまで実践したことがあるパターン」「これから取り入れてみたいパターン」など、テーマを決めて、参加者それぞれが選んだパターンと、それに紐づく経験、今後どのように実践してみたいかなどについて、一人ずつ話していく（図3）。パターンの一つひとつは適度な抽象度で記述されているため、一つのパターンから想起される具体的な取り組みは多様である。そのことを活かして、具体的には差異がある他所での実践を、自分の現場での参考として取り扱えるようになり、異なる実践経験から互いに学び合うことが可能になる。

図3. パターン・カードを用いたワークショップの様子

(2) 自己診断

パターンを自らの状況の診断に活かすこともできる。たとえば、「解決」の部分を読みながら、実践したことがあるもの、実践したことがないもの、実践したことがないがこれから取り入れてみたいものに分けていく。あるいは特に「問題」の部分を読みながら、現在自分が陥っている問題に当てはまるパターンを

ピックアップしていく。このように、自分の取り組みが現在抱えている課題や、これから取りうるアクションについて客観的に眺めることをサポートするツールにもなり得る。

　また、パターンの実践経験の有無を定期的に確認し、見直してみることで、時系列で経験の変化（成長）を捉え、自分（たち）やその取り組みの変化や傾向を掴むことも可能である。

本書で提供するパターン・ランゲージ

　第11章では、本書のプロジェクトのメンバーがこれまで各地で経験してきた研究実践の中で、地域に役立つ形で自然資本を守り、活かすために、どのように地域の自然や人と関わり合いながら取り組みを推進してきたかという知見を、36のパターンとしてまとめた。

　パターン・ランゲージを用いて、地域に紐付く課題を解決するための活動における経験則を浮かび上がらせようとしたものには、農村地域の活性化についてのパターン抽出を行った木下ほか（1994）の研究や、地域の高齢者らと協働で課題探索や解決のための製品開発などのための場づくりを行うためのパターン抽出を行った赤坂ほか（2018）の研究などがあるが、生態系管理や自然資本の活用といった領域での研究はこれまで行われてこなかった。パターン・ランゲージは「環境の要素相互の関係性を重視した環境設計法（木下ほか1994）」であり、「抽出したノウハウを他者でも容易に参照・再利用可能な形式で記述する（赤坂ほか2018）」ことが可能であるところに意義があるとされており、景観生態学や保全生態学の領域でもこの方法が役立つことを期待したい。

脚注

1）井庭崇（2023年10月7日）. 慶應義塾大学 SFC 研究所・未来創造リーダー養成塾【共創知編】「創造社会レクチャー＆創造実践のパターン・ランゲージワークショップ」での講演.

引用文献

赤坂文弥・安岡美佳・木村篤信・井原雅行（2018）リビングラボの実践を成功に導くためのノウハウの抽出と記述．研究報告高齢社会デザイン，4: 1-8.

Alexander C, Ishikawa S, Silverstein M（1977）A Pattern Language: Towns, Buildings, Construction. Oxford University Press.（平田翰那（訳）（1984）パタンランゲージ──環境設計の手引．鹿島出版会，東京）

Beck K, Cunningham W (1987) Using pattern language for object-oriented programs. Proceedings of OOPSLA 1987 Workshop on Specification and Design for Object-Oriented Programming, Orland, Florida.

Bergin J, Eckstein J, Manns ML, Sharp H, Marquardt K (2012). 455 Pedagogical Patterns: Advice for Educators. Createspace Independent Pub, California.

井庭崇（2013）パターン・ランゲージ──創造的な未来をつくるための言語．慶應義塾大学出版会，東京．

井庭崇（2023）．新しい方法，新しい学問，そして，未来をつくる──創造実践学の創造．（桑原武夫・清水唯一朗 編）総合政策学の方法論的展開，45-70，慶應義塾大学出版会，東京．

井庭崇・古川園智樹（2013）創造社会を支えるメディアとしてのパターン・ランゲージ．情報管理，55: 865-873.

Iba T, Isaku T (2016) A Pattern Language for Creating Pattern Languages: 364 Patterns for Pattern Mining, Writing and Symbolizing.23rd Conference on Pattern Languages of Programs.

井庭崇・梶原文生（2016）プロジェクト・デザイン・パターン──企画・プロデュース・新規事業に携わる人のための企画のコツ32．翔泳社，東京．

井庭崇・長井雅史（2018）対話のことば──オープンダイアローグに学ぶ問題解消のための対話の心得．丸善出版，東京．

井庭崇・中川敬文（2019）おもてなしデザイン・パターン──インバウンド時代を生き抜くための「創造的おもてなし」の心得28．翔泳社，東京．

井庭崇・岡田誠（編著）慶應義塾大学 井庭崇研究室・認知症フレンドリージャパン・イニシアチブ（著）（2015）旅のことば──認知症とともによりよく生きるためのヒント．丸善出版，東京．

鎌田安里紗・鎌田磨人・井庭崇（2023）地域生態系の協働管理・活用に関わる活動を促進するためのパターン・ランゲージ─広島県北広島町での協働の読解．景観生態学，28: 49-67.

川喜田二郎（1967）発想法──創造性開発のために．中央公論社，東京．

木下勇・三橋伸夫・藤本信義（1994）地域活性化に向けた生活環境整備のパタンの抽出に関する研究─C.アレグザンダーのパタンランゲージ手法をモデルにして．日本都市計画学会学術研究論文集，29: 691-696.

Manns L, Rising ML (2004) Fearless Change: Patterns for Introducing New Ideas. Addison-Wesley Professional, Boston.

佐藤仁（2009）環境問題と知のガバナンス─経験の無力化と暗黙知の回復．環境社会学研究，15: 39-53.

高橋菜穂子（2011）ある児童用語施設職員の語りのKJ法による分析─テクストの重層化プロセスからとらえる実践へのまなざし．京都大学大学院教育学研究科紀要，57: 393-405.

田中耕司・斎藤佐和（2005）聴覚障害児の書紀表現力の評価に関する研究─KJ法を用いた評価項目の検討．心身障害学研究，29: 67-78.

やまだようこ（編著）（2007）質的心理学の方法──語りをきく．新曜社，東京．

第2部
暮らしの中で自然を賢く利用するための協働のプロセス

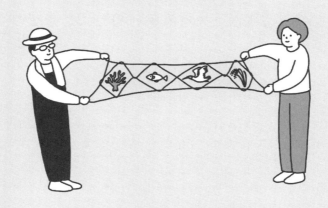

　自然との関わり方やその目的は、人それぞれに違う。第一次産業に携わる人々にとって生業活動の基盤となる自然は同時に、観光客や一般市民にとってレジャーや憩いの場になったりする。また、世代やそれまでの関わり方の濃度によっても、その自然の利用の仕方や重要性の認識が違うこともある。第2部では、農業や漁業の第一次産業、また観光業、さらには市民活動における多様な主体の協働の始まりのきっかけから、それが政策という形で長期的な活動の枠組みを獲得する一連の詳細なプロセスを丁寧に記述する。協働のきっかけと継続は、自然保全以外の地域特有の事情や課題との接合であったり、外部との価値観やノウハウの交換であったりと様々ではあるものの、そこからは他所にも展開可能な経験則が見えてくる。

第 4 章
生産から消費までの流通全体で取り組む里海保全
──モズク養殖とサンゴ保全
【沖縄県恩納村】

大元鈴子

サンゴ礁が支える恩納村のモズク養殖

　恩納村は、沖縄本島北西部の海岸沿いに位置する細長い形状の村である。その海岸線は約46kmに及び、広大なサンゴ礁に守られた水深50m未満の浅瀬が3,000ヘクタール広がっている（図1）。サンゴ礁には、様々な生物群集が存在し、それらは海岸とほぼ平行に帯状に出現する。恩納村漁業協同組合（以下、恩納村漁協あるいは漁協）では、この広大な浅瀬イノー[1]（礁池）内に形成された多様な環境を巧みに利用して、最も岸に近い波打ち際ではアーサ（ヒトエグサ Monostroma nitidum）養殖、アマモ場ではモズク類の苗床（中間育成場）と本養殖場、シャコガイ類やサンゴ類の養殖場と、各漁場を岸から沖にかけて帯状に配置し、組合員（漁業者）が生産活動を行っている。

　恩納村の特産品として特に有名なのが養殖モズクで、恩納村漁協の2022年度の生産量は1,126トン、生産額が3億6,066万円で、養殖モズクが漁協生産量の約90％、生産額の50％を占めている（Omoto et al. 2024）。

　恩納村の漁場となっているサンゴ礁に守られた浅瀬は沖縄海岸国定公園に含まれていて、日本有数のマリンリゾート地としても有名である。恩納村の人口は2024年現在、約11,000人[2]だが、年間約300万人の観光客が宿泊する[3]。そのため、水産業とマリンリゾートの共存、また、その両方のためのサンゴ礁生態系の維持は恩納村では常に大きな関心事である（図2）。

　現在沖縄県各地で生産されている太モズク[4]の養殖技術の確立は、恩納村漁協

の有志によって1974年に結成された「恩納村モズク養殖研究グループ」の苗床に関する発見[5]から始まっている。1978年には県内で初めて養殖太モズクを18

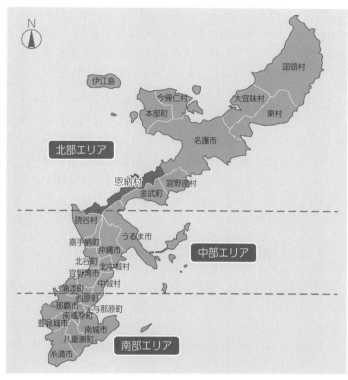

図1. 沖縄県恩納村の位置

図2. リゾートホテルの目の前で育つ恩納村漁協所属生産者の養殖モズク（上間健作撮影）

トン水揚げした。ちょうどこの頃（1970年代後半から1980年代）恩納村では多くの大型リゾートホテルが建設され、その工事の影響で土壌流出による海洋汚染が顕著になり、恩納村漁協の漁業者がモズクの苗床として利用していた場所でも汚染が確認されるようになった。恩納村漁協は積極的に行政に働きかけ、1983年に漁協と恩納村との協定の締結に至った（家中 2000）。

海の利用をめぐっては、リゾートホテルによる海域の囲い込みという事態も発生した。これに対して恩納村漁協が抗議や交渉を行った結果、「海面利用調整協議会」が1986年に設置され「共同第6号漁業権漁場汚染防止協定書」が交わされた（原田ほか 2009）。さらに1991年に制定された「恩納村環境保全条例」では、「リゾートを主とする開発を"抑制するところ"と"開発するところ"、"村民生活の基盤となるところ"」、そして「漁業用域（水産業に限定して使用する区域）」が区域分けされ[6]、また、開発業者には、工事着工以前に計画書の提出・審査、漁協への事前通知および説明、集落区からの同意書が求められるようになった。

沖縄県では、赤土[7]の流入やオニヒトデによる食害、また、地球温暖化による海水温上昇などによって、1998年、2001年に大規模なサンゴの白化現象が起こり、恩納村海域でも多くのサンゴが死滅するという問題が発生した。このため、恩納村漁協では1998年にサンゴ養殖の漁業権を取得し、サンゴを増やす活動を開始した。

一方、沖縄県内各地で太モズクの生産方法が広まり、県全体の生産量によってモズクの価格が変動するようになると、恩納村漁協は量より質で生き残る方針に転換する。そして鳥取県境港市にある株式会社井ゲタ竹内（以下、井ゲタ竹内）との協働が始まる。1987年からは、糸モズクの生産も依頼するようになり（大元 2017）、現在も恩納村漁協で生産されるモズクの大部分を井ゲタ竹内が加工・販売している。井ゲタ竹内が加工した恩納村漁協のモズク製品は、その多くが日本全国の生活協同組合（以下、生協）で販売されている。井ゲタ竹内の働きかけから、2009年11月に首都圏を中心とするパルシステム生活協同組合連合会（以下、パルシステム）は、恩納村漁協、井ゲタ竹内、恩納村、とともに「恩納村美ら海産直協議会」を設立した。そして、恩納村産のモズク商品の代金の一部をサンゴの植え付けに役立てる仕組みをつくった。2010年4月には、コープCSネット（生活協同組合連合会コープ中国四国事業連合）が、恩納村漁協、井ゲタ竹内、恩納村とともに「サンゴ礁再生事業支援協力協定」を締結し、モズクの販売を通じてサンゴ再生のための基金を積み立てる「モズク基金」を創設した[8]。

2012年4月からは、パルシステム、コープCSネット、東海コープ、井ゲタ竹内、恩納村漁協からなる「恩納村コープサンゴの森連絡会」が立ち上げられ、連携した活動が行われるようになっている。また、2017年には、行政としての恩納村とのパートナーシップ協定が結ばれた。その翌年、恩納村は「サンゴの村宣言」を行い、「世界一サンゴと人にやさしい村」となることを宣言し、海域だけではなく陸域においてもサンゴ保全のための様々な施策が進められるようになった。

　本章の筆者と恩納村との関わりは、筆者が京都の研究所で研究員をしていた2014年頃に、モズク製品でサンゴ保全をしている井ゲタ竹内という会社がある、と聞いたところから始まっている。加工会社がモズク製品を通じてサンゴを保全する仕組みを生産者と一緒に構築しているということを知り、生産方法から加工、流通・販売までのすべての行程を詳細に知るために恩納村や恩納村漁協に頻繁に通うようになった。そのなかで、実際に海に潜ってモズク養殖を観察し、ハーリー（海神祭）に参加し、また、同じように商品を通じてサケを保全する活動をアメリカでしている人とモズク流通の関係者をつなげたり、あるいは、生協の生産者と組合員の交流事業で講演したりした。このようなあらゆる活動に参加させてもらいながら、10年間にわたって恩納村漁協がつくるモズクに関わる事柄を教わってきた。本章を書くにあたり、より古い時代の恩納村漁協の活動や、恩納村での環境保全に関する歴史を整理するとともに、恩納村漁協の活動の要となってきた方々にさらにお話をうかがい、事実関係の整理を手伝っていただいた。本章では、恩納村漁協と漁業者による海の利用を巡る他業種との調整とサンゴ再生の歴史を追いながら、恩納村漁協による活動へのモズクのサプライチェーン全体の積極的な関与が、どのようなプロセスを経て実現したのかを詳しく紹介する。

サンゴ礁が支える恩納村のモズク養殖

モズクの生産過程

　恩納村漁協では、主に養殖モズクの収穫前や収穫期を通して、優良な特

性を有する藻体から遊走子や配偶子（いわゆる種）を採種することから次期の養殖準備が始まる。採種した種は、液体培地や寒天培地で保存し、初夏から温度管理を行いながら拡大培養を始め、モズク生産者協議会で決定したスケジュールに従い、各モズク生産者に配布される。スケジュールは、想定される収穫のタイミングや種付け時・中間育成時の水温などを考慮して計画される。

　配布された種は、生産者が陸上水槽で一定期間「種付け（数枚束ねた網に種を付ける）」を行った後、リュウキュウスガモが優占する海草藻場（苗床）へ沖出し、中間育成を行う。中間育成期間中、生産者は発芽や生育の状況を観察しながら、数cm～10cm程度まで生長するのを待つ。この間、生産者は雑藻を取り除き、モズクが育ちやすいように手をかける。なお、海草藻場でモズクの発芽が促進される科学的メカニズムについては、未だ明らかにされていない。

　モズク養殖を持続的に行っていくため、生産者と漁協は、モズクの生産に影響を及ぼす赤土などの流入を防ぐための陸域対策を地域ぐるみで行ってきた。沖縄の海草はより光の強いところに生える傾向があるので、赤土などの流入とその濁りによる影響を低減してきたことが、実は健全な海草藻場の保全にもつながっていたのだろう（図3）。

図3. モズクの苗床としての海草藻場に網を張る生産者（大元鈴子撮影）

　中間育成の次の行程は「本張り」だ。苗床よりも少し沖合の海草やサン

ゴ礫底の環境に網を移動させる。この時、生産者は複数枚重ねてあった網をバラす。この工程でも生産者は収穫までの間、定期的に網から雑藻を取り除き続ける。

収穫は通常2～3人のチームで行う。1～2人が水中で吸引ポンプを使ってモズクを刈り取り、船上の1人が異物を取り除きながらモズクをカゴに詰める（図4）。漁港で荷揚げされたモズクは、それぞれの種類ごとの処理・加工行程に進む。

図4. モズクの収穫（船上選別）を手伝う筆者（金城勝撮影）

恩納村における海面利用ルールと赤土流出防止方策の構築プロセス

漁協によるプロアクティブな活動から始まったルールづくり

恩納村では1970年代後半から1980年代にかけて、多くの大型リゾートホテルが建設された。陸域の開発は赤土のサンゴ礁への流入の原因となる。そして、

礁湖は広く浅いプールのように赤土が堆積しやすく、一度流入すれば粒子の細かい赤土は何度も撒きあがる。そして、サンゴに付着したり、海藻・海草の光合成を阻害し、またサンゴのプラヌラ幼生（自ら泳ぐことのできる、岩などに着生する前の赤ちゃんサンゴ）の着生を阻害したりするなどの悪影響を及ぼす（波利井・灘岡2003）。リゾート開発が始まったこの時期は、恩納村漁協が1977年にモズクの中間育成方式を確立し、収穫を始めた時期と重なる。

　モズク養殖への最初の赤土被害は、モズクの苗床として利用していた場所で起こった。開発行為と赤土流入との因果関係が確認されたのち、開発事業の開始と終了の通知をするという簡単なものではあったが、1983年に漁協と恩納村との協定の締結に発展した（家中2000）。しかしながら、それ以降も赤土の被害は続く。

　恩納村の最初のリゾートホテルは、もともと米軍の保養施設であり、前浜はプライベートビーチとして利用されていた。沖縄が日本に復帰し、リゾートホテルとなってからも、また、その後建てられたホテルでもこの慣習が継続され、海水浴客からの料金の徴収を行い、また前浜での漁業操業が制限されることになった（原田ほか2009）。漁業者は、これに抗議するために1985年に海上デモを敢行した。結果、当時の村長が立ち合い人となり、行政・リゾートホテル・漁協などの利害関係者をメンバーとする「海面利用調整協議会」が1986年に設置され「共同第6号漁業権漁場汚染防止協定書」が交わされた（原田ほか2009）。この協議会で合意された海面利用の地域ルールは、リゾートホテルが「漁業振興基金」を拠金する、マリンレジャー事業は漁協観光部会に所属している漁業者から傭船（ようせん）する、代わりにリゾートホテルが漁協の漁業権区域の海域を利用できる、となっている（原田ほか2009）。漁協に支払われる漁業振興基金は、漁業・養殖業の技術開発、サンゴ礁海域の保全や漁場の保全、また、漁業者・観光業者・行政などの交流と情報共有などに用途が絞られており（原田ほか2009）、恩納村漁協によるサンゴの養殖技術の開発や海ブドウ[9]の養殖と産業化などにも活用されてきた（豊島2016）。

　さらに1991年に制定された「恩納村環境保全条例」では、「リゾートを主とする開発を"抑制するところ"と"開発するところ"、"村民生活の基盤となるところ"」が区分され、「漁業用域（水産業に限定して使用する区域）」も区分されている[6]。また、大規模な開発[10]を行う場合には、恩納村地域開発指導要綱施行規則により、開発業者には工事着工以前に所定の書式で計画書を提出し、審査を受ける

ことが義務付けられた。また、開発業者による集落区への説明に対して集落区から意見書が提出され、漁協への事前通知および説明も必要とされるようになった[11]。提出する開発計画の概要（工事計画）には、土砂流出防止対策の欄もある。さらに、村・区・漁協（主に理事など正組合員）・工事発注者・工事関係者から成る（柳2010）、「赤土流出防止対策協議会」が設置される（野波・加藤2010）。工事ごとにその構成は変わるが、漁協はコアメンバーとして必ず参加する。協議会とは別に、漁協と開発業者との間で「漁業被害防止協定書」が締結され、赤土被害が出た場合の責任を追及できるようになっている（恩納村2023）。図5は、土砂の流出を抑えるための工事現場の目張りの様子である。

図5. 恩納村内漁港近くマンション建設現場。土砂が流出しないように徹底的に目張りされているのがよくわかる（大元鈴子撮影）。

こうした制度と仕組みが構築されたことにより、恩納村の赤土測定値は他地域に比べ総じて低くなっている（図6）。その理由としては、開発に対して事前防止策を講じ、赤土流出監視体制を確立していること、日常的に海を観察している漁業者自身がデータに基づき流出状況を監視・指摘していること（図7）などが挙げられる[12]。

沖縄本島の地図（図1）を見てわかるように、恩納村のあたりは山から海までの距離が非常に短く、陸域のすべての活動が海への直接的な影響として特に表れやすい。このような地理的条件もあるため、近年では、漁業者の活動は陸域

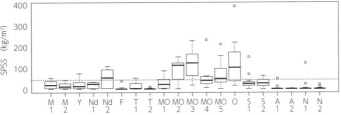

図6. 2010年から2015年にかけて恩納村漁協の生産者が測定した恩納村河口域20地点のSPSS値(Omoto et al. 2024より転載)。点線以上の値は人為的な赤土流出を示す。SPSSは、Suspended Particles in Sea Sediment(底質懸濁物質含量)のことで、海域における赤土などの堆積状況を判断する指標である(大見謝 2003)。

図7. 赤土の堆積程度を測定する恩納村漁業協同組合の若い生産者たち(恩納村漁業協同組合提供)

のアクターとの協働にも広がっている。圃場から流出する赤土の対策として、カバークロップを施すことが効果的であることはわかっているが、作業が重労働であり、農家の高齢化や人件費がかかることなど課題が多い。恩納村漁協の漁業者は、マリン事業者などと一緒になって圃場にグリーンベルトとしてのベチバー(イネ科、ベチベルソウ)を植え、また表土を覆うためのサトウキビの葉ガラ

を敷き詰める作業も行っている[13]。これもまた、自らやってみて効果を実証するという恩納村漁協のプロアクティブさの表れだといえる。

恩納村漁協の事業の範囲——里海の保全

　恩納村漁協では、漁業もサンゴ礁生態系の一部という考えのもと、環境に負荷の少ない海藻養殖と資源管理型漁業を推進している（Higa et al. 2022）。陸域からの海藻養殖やサンゴへの影響のほかに、恩納村海域では1969年にサンゴを捕食するオニヒトデが大発生し、この年から駆除が始まった[14]。オニヒトデは、1971年、1984年、1996年にも大発生し、その際もサンゴに大きな被害がでた。周期的に大発生するオニヒトデ対策として、2002年からはオニヒトデが産卵する前に集中的に駆除するという方法を取り入れ、現在まで続けられている。その結果、今では、オニヒトデの大発生は未然に防ぐことができるようになっている。

　沖縄県では、赤土の流入やオニヒトデによる食害、また、地球温暖化による海水温上昇などによって、1998年、2001年に大規模なサンゴの白化現象が起こり、恩納村海域でも場所によっては多くのサンゴが死滅した。生産者は経験から、サンゴが白化したり死滅したりすると明らかに海が濁り、養殖モズクの生産量が減少することを知っている。恩納村漁協では1998年にサンゴ養殖の漁業権（特定区画漁業権）を取得し、サンゴを増やす活動[15]を開始した。サンゴ養殖技術は、親サンゴから採取したサンゴ片を陸上の施設内で少し大きくし、海底に鉄筋とパイプを立てて養殖したサンゴを設置していくというもので、この技術は、モズク養殖の網を張る鉄柱の上に、サンゴが自然に育っているのを観察していた生産者の知識に基づいて開発された。この方法で2022年末までに43,646本のサンゴが植えられている。このように植え付けられたサンゴは、3年ほどで産卵するまでに成長し、有性生殖によってさらに増えていく。

　里海とは「人手を加えることで生物多様性と生産性が高くなった沿岸海域」（柳 2006）のことをいう。恩納村漁協にとって、モズクの養殖による海面利用や赤土対策の関係者との調整、アマモ場の保全、オニヒトデの個体数管理、サンゴの養殖などすべてが、サンゴ礁生態系という里海を維持するために必要な活動なのである。ちなみに恩納村漁協には、その事業内容を反映し、モズク生産部会、アーサ生産部会、海ぶどう生産部会、貝類生産部会、観光漁業部会、サ

ンゴ養殖研究部会の7つの部会がある。

里海保全活動のモズクサプライチェーンへの拡大
―― 加工会社との協働

気候変動と食品加工工程における工夫 ―― 生産者のやる気の向上

　養殖太モズクを県内で初めて水揚げした恩納村漁協であるが、恩納村が沖縄本島の西海岸に位置するため、東海岸の生産地よりも冬季風浪の影響を受けやすく生産上の制約があったこと、また、県内各地で太モズクの養殖が盛んに行われ、県全体の生産量に応じて価格が大きく変動するようになったことから、恩納村漁協の生産者は、経営的に不安定な状況となった。そこで恩納村漁協は、量より質で生き残る方針に転換し、1980年代初頭から、当時は技術的に難しいとされていた糸モズクの栽培を開始した。

　日本でモズクいえば、「味付けモズク」と呼ばれる小分けパッケージのものが全国の小売店で売られている。井ゲタ竹内は、1971年に日本で初めて味付けモズク商品を開発・販売した会社である。恩納村漁協とは、1980年台半ばから取引を開始し、漁協の総生産量の多くを井ゲタ竹内が加工・販売している。気候変動による高海水温に影響を受けるのはサンゴだけではなく、養殖している海藻も大きく影響を受ける。恩納村漁協は、特に高温に耐性のある糸モズクの母藻の選抜と育種に取り組んできた。しかし、近年の気候変動を考えると、より広い水温範囲で生育できる強いモズクの品種を開発する必要があり、安定した生産を確保するため、環境暴露に耐える系統の選抜と育種に継続的に取り組んでいる。同時にモズクは食品であるため、生産量の安定だけではなく、その食味品質（触感やぬめりの強さ）の維持や加工しやすさ、もまた重要である。

　恩納村漁協のモズク生産者、銘苅宗和（めかるむねかず）氏が「恩納モズク」の母株を発見したのは2007年のことである。そしてその種を保存する技術を開発したのは、恩納村漁協の指導担当（のちに参事）だった比嘉義視（ひがよしみ）さんである。恩納村漁協は井ゲタ竹内と共働で品質評価を繰り返し、従来の糸モズクや太モズクとは一線を画す、食感の良さとぬめりを特徴として持つ「恩納モズク」を製品化している。「恩納

モズク」は、2011年に褐藻類として日本で初めて農林水産省に品種登録され、現在も恩納村でのみ栽培されている。

　井ゲタ竹内の加工場では、恩納村漁協から送られてきたモズクを、だれが育てたのかがわかる方法（生産者ごとにトレースできる）で、品質検査や異物除去などを行っている。そして、恩納村漁協と井ゲタ竹内が毎年生産シーズン前に開催する生産者会議では、井ゲタ竹内から前シーズンに生産されたモズクの品質についての報告があり、良い品質のモズクの共通の認識が確認されている。また、成績優秀者（モズクに混ざってしまう異物の少なかった生産者）を表彰するなど、徹底した個別生産者へのフィードバックが生産者のやる気となり、さらに生産側と加工側の相互理解を促進している（大元 2017）。

　このように、モズクやその製品の品質は、生産者、恩納村漁協、加工会社の3者間の頻繁なコミュニケーションに基づく長年の共創によって向上・維持されてきた。生産者と加工会社の間の長期的な関係の基礎は、両者間で「良いモズク」の定義を共有し、養殖現場と食品加工現場がそれぞれに持つ制約を相互に理解することである。恩納村漁協の糸モズク生産への方向転換と、生産者と加工会社との相互理解による品質管理によって、恩納村漁協のモズク単価は、太モズクが主流である沖縄の平均を常に上回っている。たとえば、2008年、2009年頃沖縄全体のモズク単価が1kgあたり83円、84円だった頃、井ゲタ竹内と共に品質管理を行ってきた恩納村漁協での単価は120円だった（図8）。生産者の安定した収入が恩納村漁協による里海保全の継続に間違いなく必要だということを考えると、特定の加工会社との密な協働による品質と単価の維持が保全

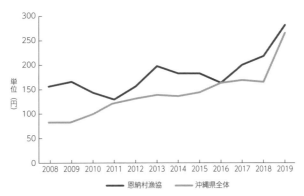

図8. 沖縄県全体と恩納村漁協のモズク1kgあたりの単価の違い（Omoto et al. 2024）

活動を可能にしているといえる。

第一次産業による生態系保全にサプライチェーン全体で参加する

保全活動への特定多数の参加
──生協をとおしたサプライチェーンへの展開

　恩納村漁協が生産し、井ゲタ竹内が加工したモズク製品は、その多くが日本全国の生協で販売されている。実は、前述の漁協によるサンゴを増やす活動には、全国各地の生協が深く関わっている。2009年からは、首都圏を中心とするパルシステムが、2010年からは、コープCSネットおよび東海コープが、恩納村漁協のサンゴの植え付け活動に参加している。

　2009年11月、パルシステムは、恩納村漁協、井ゲタ竹内、恩納村とともに「恩納村美ら海産直協議会」を設立した。そして、恩納村産のモズク商品の代金の一部をサンゴの植え付けに役立てる仕組みをつくり、恩納村漁協によるサンゴの養殖・植え付け活動に参加している。この仕組みによって植え付けられたサンゴの数は2024年までに17,308本に達している。また、2013年3月以降、生協組合員が恩納村に赴いてサンゴの苗づくりや郷土料理の体験などを通じて生産者と交流する企画を実施している。また、逆に、生産者がパルシステムを訪問した際には、学習会、同乗体験（配送トラックに同乗して商品を配達する）、商品展示会での販促活動などを行っている（図9）。このように、生産者と生協職員、消費者が様々な場面で交流できるようになっている。

　2010年4月には、コープCSネットが、恩納村漁協、井ゲタ竹内、恩納村とともに「サンゴ礁再生事業支援協力協定」を締結し、モズクの販売を通じてサンゴ再生のための基金を積み立てる「モズク基金」を創設した。モズク基金は、「味付けモズク」を1パック販売すると、一定の金額が恩納村漁協に送られる仕組みである（大元2017）。モズク基金によって植えられたサンゴは、2023年までに9,881本となっている[8]。

　さらに2012年4月には、パルシステム、コープCSネット、東海コープ、井ゲ

図9. パルシステム生活協同組合連合会の配達トラックに同乗するモズク生産者(恩納村漁業協同組合提供)

図10. 恩納村コープの森連絡会とのパートナーシップ協定締結式で挨拶する長浜村長。手には拙著「ローカル認証」を持ってくださっている。

タ竹内、恩納村漁協からなる「恩納村コープサンゴの森連絡会」が立ち上げられ、連携した活動が行われるようになっている[16]。2017年には、恩納村コープサンゴの森連絡会と恩納村とのパートナーシップ協定が結ばれた(図10)。この翌年、恩納村は「サンゴの村宣言」を行い、「世界一サンゴと人にやさしい村」となることを宣言し、様々な施策を進めるようになった。筆者が2017年に出版した『ローカル認証—地域が創る流通の仕組み』では、上述の流通を通じたサンゴ保全の仕組みについて詳しく解説した。そして、サンゴ保全のための恩納村独自のローカル認証の策定が「恩納村第6次総合計画」に盛り込まれている。

前述したように現在、赤土対策の課題として浮上しているのは、農地からの赤土の流入である。高齢化が進む恩納村の農家にとって、赤土流出対策を実施

する労力と費用は重荷となっている。恩納村では、恩納村農林水産課の農政部門の重点施策として、農地からの赤土流出対策に力を入れている。その中心となっているのが農業環境コーディネーターの桐野龍さんで、農業生産と赤土流出対策が持続的に継続できるよう、試行錯誤を行いながら取組みを展開している。

第一次産業の多面的機能と回復型養殖

　第一次産業は、自然資源と密接に関わる生産活動を行い、その多面的機能（洪水の防止、大気の浄化、生態系の保全など）は、食糧生産などと合わせて一次産業を存続させなければならない重要な理由として認識されている。水産業では特に、物質循環の補完や生態系の維持、海洋性レクリエーションの場の形成、また、財産の保全（国境監視）などが多面的機能として挙げられている[17]。

　恩納村のモズク生産者・漁協・加工会社・生協・消費者との間に見られる双・多方向の流通は、モズクをとおしたサンゴ再生活動の最大の特徴である。サプライチェーン内で産地の海洋環境を保全することの重要性を共有することで、日本全国の消費者が恩納村のサンゴ保全・再生活動に参加することを可能にしている。The Nature Conservancy (2021) は、商業的な回復型養殖（Restorative aquaculture）が海洋保全に「市場ベースの解決策」を提供できると指摘している。その実現には、持続可能性の概念だけはでなく、海藻生産、加工、流通の具体的な持続可能性技術を共有すること (Alleway 2023)、さらに、消費者を含む海藻のサプライチェーン全体がこの技術と課題を理解し、回復型養殖に貢献することが重要である (Omoto et al. 2024)。恩納村漁協の養殖モズクから始まる流通全体による活動は、亜熱帯地域における海域、特にサンゴ礁の保全・再生活動の模範的モデルといっていいだろう。

　日本の生協は、組合員数と売上高で世界最大の生活協同組合であり、組合員の強い参加意識を特徴としている (Kurimoto 2020)。また、週替わりのカタログによる注文システムや宅配を中心とした独自のビジネスモデルを確立し、社会的・環境的活動を強く打ち出している。さらに生協は会員制（出資金を出し合った組合員制）であるため、商品の背景や生産地での地域課題が、一般的な小売りと違い特定多数（不特定多数に対して）に伝わることも産地の総合的な保全にとって強みとな

る。モズク製品の売上の一部が保全活動の資金として恩納村漁協に戻る仕組みが、コミュニケーション・チャネルとして機能することで、漁協、加工業者、流通業者、消費者、そして、行政がシームレスにつながって恩納村の海の課題を共有し、恩納村のサンゴの海の保全を支えている。この仕組みに参加する生協の組合員世帯数は合計で約600万世帯に及び、2022年に購入されたモズク製品は610万パックであった（Omoto et al. 2024）。恩納村漁協によるサンゴの植え付け本数合計の43,496本（漁協独自分の9,336本が含まれる）は、これら生協との活動の一つの成果である。このように生協は、産地と生産者のストーリーを消費者に伝え、大きな環境的／社会的インパクトを生み出すことができる。

漁協に研究者がいるということ

　恩納村漁協の話をするとき、必ずと言っていいほど話題に出る人がいる。恩納モズク母株の発見者であり、恩納村のサンゴ養殖技術を確立した一人である銘苅さんに、サンゴ養殖の技術の説明をお願いしたら「変なのがいてね〜」と、にやりと視線を遠くにやった。恩納モズクの種を保存する技術などを開発した比嘉義視さんのことだ。180cmと長身ですらりとした容姿とその話し方は、初対面から印象に残る。恩納村漁協やその取引先の関係者のだれに聞いても、比嘉さんとのエピソードが必ずある。

　恩納村漁協参事であった比嘉さんは、1989年（平成元年）4月〜2023年（令和5年）4月30日までの35年の間、恩納村漁協に勤務した。学生として所属した琉球大学では、甲殻類が専門の諸喜田茂充さん（琉球大学名誉教授、2022年没）の研究室に所属し、ノコギリガザミの研究をした。当時の恩納村漁協は、他の漁協にはみられない指導担当職員を1985年に設置していた（家中 2000）が、参事が兼任していたため、専任の指導担当を雇用するために、琉球大の研究室経由で比嘉さんに声がかかった。面接を受け、飲みに行き、漁協に泊まり、翌日オニヒトデの駆除をして、採用が決まったそうだ（比嘉さんのお父さんは石灰岩の発破師で、仕事現場にいくときに、比嘉さんら兄弟3人を恩納村の海に降ろして、仕事帰りにひろってかえっていたそうで、比嘉さんは恩納村の海に親しみがあったようだ。1991年に裕子さんと結婚してからは、7年ほど恩納村に住んでいた）。

比嘉さんの恩納村漁協での漁業振興と生態系保全への貢献は数知れない。糸モズクの選抜育種、海ぶどうの陸上養殖、サンゴ養殖の技術開発だけではなく、毎年漁協が制作するポロシャツの絵（図11）のデザインまで手がけた。筆者のような社会科学系の研究者の質問にもいつも心よく答えてくれた。サンゴ片をワイヤーで括り付ける基台の素材のことを聞いた時も、サンゴが定着しやすい形状や素材を海水の組成と合わせてわかりやすく教えてくれた（図12）。

　比嘉さんが筆頭著者となり東京大学や沖縄科学技術大学院大学などの研究者と執筆した論文「漁協によるサンゴ再生の取り組み〜沖縄県恩納村での事例〜」

図11. 比嘉さんがデザインを書いたポロシャツ（セミエビバージョンとマガキガイバージョン）（大元鈴子撮影）

図12. サンゴ養殖の基台の試作品を説明する比嘉義視さん（大元鈴子撮影）

（比嘉ほか 2017）では、日本サンゴ礁学会で論文賞を受賞した。恩納村漁協による
サンゴ養殖について、養殖サンゴ群落の生存率や、この生存率が天然のサンゴ
よりも高いこと、また、養殖サンゴに住み込む生物の推定値などを扱った。こ
の中で、恩納村漁協のサンゴ養殖について「モズクやヒトエグサ養殖と同様に
ひび建て式養殖と呼ばれる方法で、漁業者により管理されており、モズク養殖
業が盛んな恩納村では技術的に難しい養殖ではない」、とある。この、恩納村漁
協の漁業者だからこそできる、との記述に比嘉さんの自負を感じる。この論文
賞受賞は、「非研究者が筆頭執筆者を務めた論文が同賞を受賞したのは初めて」
（琉球新報 2018）という点が注目されたが、筆者は、比嘉さんは漁協所属の研究者
だと思っている。海外においては、漁業（会社）に研究者がいて、資源管理を科
学的に行うことはまったく珍しいことではない。比嘉さんは、漁業者の生活の
向上と生態系保全を同時に達成するための実践的研究を、人生の大半かけて行
った（「これちょっと自慢」と言いながら、いつもものすごい成果を話してくれた顔が思い出される）。
毎年のモズク生産開始にあたって、モズクの系統を選んで種を培養する役割や、
また、種付けのタイミングを中心となり決めていたのも比嘉さんである。「サシ
バが来たな、ススキが生えたな」などモズクの生産スケジュールの参考にする
ために、季節の移り変わりを気にしていた。奥さんの裕子さんによると「モズ
クの種のこと、種付けのとき、収穫がよくないとき、は相当なストレスだった」
そうだ。生産者の中には、自分が種付けに失敗すると、比嘉さんの種が悪かっ
た、という人もいたそうだが、そんなときは「そしたら自分でつくれ！」と言
い返して負けなかった。逆に、比嘉さんが生産者に言いたいことがあるときに
も、その場で言い切れる関係性が比嘉さんにとってよかったそうだ。

　比嘉さんは、2017年に参事になってからは、漁協のコンパクトな経営と労働
環境や生産性の向上を目指し、漁協全体の運営管理も担った。予算に照らし合
わせた職員の給与の計算を自ら行い、職員の給与をアップした（このとき自分の給
料を上げるのを忘れた）。こんなマルチプレーヤーだから、他から転職の話などなか
ったのかと裕子さんに聞いたところ、「恩納村漁協でしか35年勤まらなかった」
という答えが返ってきた。

　2018年に、アメリカ・デンバーで開催されたスローフード・ネーションに、
比嘉さん、井ゲタ竹内の竹内周さんらと一緒に参加し、日本から空輸した味付
けモズク製品とモズクスープを販売した。スローフードのイベントということ
もあったのだろうが、アメリカ、しかも海のないデンバーで、試食販売した

漁協に研究者がいるということ

図13. デンバーで開催されたスローフードネーションの恩納村漁協モズクブース（大元鈴子撮影）

"Mozuku"は、日本の価格の3倍ほどに設定したにもかかわらず早々に売り切れた。スローフードのイベントでは、各ブースがきちんとその食べ物の背景を語り、お客さんもそれを聞きにやってくる。私たちは、サンゴとモズクの関係、漁協による保全の取り組みをポスター掲示し、専門的な質問には比嘉さんと竹内さんに答えてもらいながら、"Mozuku"に強い興味を示す人々に驚いた（図13）。サンゴのこと、モズク生産の背景、加工方法、何を聞かれても答えられるチームでの渡米によって、恩納村漁協のモズクと活動が海外でも大きな関心を集めることを確認できた。

　恩納モズクの母株を発見した銘苅さんのように、途方もない数のモズクの中から形質の違うものに気づくことは、「生産者であっても全員ができることではない」と比嘉さんは言う。そんな比嘉さんが、モズクの種を見る目を持っている人として挙げる中に、現恩納村漁協指導担当の上原匡人さんがいる。上原さんは、魚類の初期生活史が専門で琉球大学で博士号を取得している。恩納村漁協以前は沖縄県の水産技師として、漁港・漁場の整備、試験研究、普及業務、水産企画業務、漁業調整業務、許認可業務などに携わっていた。県職時代の同僚が「また冗談を言っていると思った」というほど、上原さんの恩納村漁協への移籍は周囲を驚かせた。本人に理由を聞くと、「恩納村漁協の海人は、試験研究に意欲的で、ユニークなアイデアと科学的思考を持った人が多く、興味深い漁協だ」、また、「そんな海人たちから『恩納村漁協に来てくれ』と顔を見るた

びに言われていた」のが恩納村漁協に移ることを決めた大きな理由の一つだそうだ。

一次産業による実践的保全研究の可能性

　恩納村漁協はモズクなどの養殖技術を確立し、リゾート開発との共存を目指し、流通との連携を積極的に行ってきた。比嘉さんが1989年に恩納村漁協に来てからは、実学に根ざした試験研究の実践がより推進されたと推測できる。比嘉さんが恩納村漁協に来た頃に小学生だった生産者の子供たちが、いま40歳台となり、ベテラン生産者やより若い生産者とともに生産を担っている。恩納村漁協は、組合員数や年齢構成からみても世代交代がうまくいっている数少ない漁協の一つである。

　漁業権は、「一定の水面において特定の漁業を一定の期間排他的に営む権利」であり、漁協による漁場（と漁獲物）の占有利用には反対論もある。恩納村漁協は、漁業権を得ることによる生産の義務だけではなく、利用する漁場の保全まで責任をもって行っている稀有な漁協である。その中で恩納村の美しい海が持つ価値を村民やマリン事業関係者とも共有を進めながら、海面の利用調整を図っている。

　一次産業は生産者が毎日のように自然と対話しながら生産物を生み出している。これは、漁業でも農業でも林業でも同じである。つまり、人の営みと自然環境の両方の持続可能性のバランスを同時にとる超実践的研究が日々行われているといえる。最近では、環境配慮をしただけの生産活動ではどうやら地球環境は維持できそうになく、リジェネラティブやリストレイティブといった、生産活動そのものが環境再生となるような生産活動の試行錯誤が世界各地で行われている。

　恩納村漁協のように研究者が漁協にいることで、漁業の多面的機能の評価とその評価のもとになる漁業者の経験知（毎日のように海に潜ることで得られる情報）をデータとして蓄積し、水産業や保全活動の発展にタイムリーに活かすことができる。たとえば、恩納村漁協が養殖したサンゴに棲みこむ生き物の数や種類に関するデータは、「なぜ漁協がサンゴを養殖するのか」という疑問への解答を提供し、モズク養殖もサンゴ礁生態系の一部であり、回復型養殖として機能してい

漁協に研究者がいるということ

ることを教えてくれる。そしてこの生態系内の関係性は、漁協による取り組みを十分に理解している加工会社や生協によって多くの消費者に伝わっていく。研究者が自分たちのフィールドに通いデータをとるという一般的な研究手法に対して、恩納村漁協のように生産者のグループに研究者がいて、日々の生産活動から得られるデータを蓄積・分析し、タイムリーに次の生産サイクルに活かしていくことができたのなら、一次産業の価値の向上と自然資源の維持に大きく貢献すると期待される。

脚注

1) イノーとは沖縄の方言でサンゴ礁に囲まれた浅い海のことをいう。

2) 恩納村, 恩納村の観光の現状と問題. https://www.vill.onna.okinawa.jp/userfiles/files/202108_P08.pdf　2025年1月10日確認.

3) 恩納村, 人口推移. https://www.vill.onna.okinawa.jp/sp/politics/population/, 2025年1月22日確認.

4) 沖縄県では、主にモズク（*Nemacystus decipiens*）とオキナワモズク（*Cladosiphon okamuranus*）の2種が養殖されている。日本国内でモズクと呼ばれ流通しているのは、ほとんどがオキナワモズクであり、太モズクまたは本モズクとも呼ばれる。標準和名のモズクは、糸モズクまたは細モズクとして流通している。混乱を避けるため、本章では、標準和名のモズクを糸モズク、オキナワモズクを太モズクと区別し、これら2種をまとめてモズクと表記することとする。

5) 彼らは沖縄県水産改良普及所との養殖試験中に、時化で切れた網2枚がアマモ場に流れ着き、良好な生育をしていることを発見し、苗床の必要性を見出だした。これをきっかけに種付けした網を苗床（中間育成場）に沖出しする「中間育成方式」が沖縄県全体に拡がり、各地で試行錯誤と改良が重ねられた。現在沖縄県は養殖モズクの全国シェア99%以上を誇っている。

6) 恩納村, 恩納村環境保全条例. https://www.vill.onna.okinawa.jp/reiki_int/reiki_honbun/q917RG00000247.html, 2025年1月31日確認.

7) 一般的に国頭マージという土壌が赤土と呼ばれるが、植物被覆が自然災害や人為的行為（農地、開発事業、米軍基地など）でなくなると、まとまった降雨時にはそのほかの土壌とともに流出する。これらの流出する土壌をまとめて赤土などとよび、その流出を赤土汚染と呼んでいる（沖縄県, 赤土汚染がおきるしくみ, https://www.pref.okinawa.lg.jp/kurashikankyo/kankyo/1004750/1018610/1004456/1004458.html, 2025年1月31日確認）。沖縄では陸と海の距離が短いため流出した赤土は海へと流れ込む。

8) コープCSネット生活協同組合連合会コープ中国四国事業連合のご案内. https://www.csnet.coop/csr/pdf/sosiki_annai2024.pdf, 2024年10月1日確認.

9) 養殖モズクと同じく、海ブドウもまた恩納村漁協によって1994年に養殖技術が開発されている。

10) 恩納村地域開発指導要綱では、申請が必要となる大規模開発を次のように定義している。「恩納村内で500 m^2以上の開発行為に適用（切土、盛土の程度が、1,000 m^2未満の開発区域の場合は平均50 cm以上の土地の形状の変更、1,000 m^2以上の開発区域の場合はすべての開発行為に適用）」。

11) 県レベルでは、沖縄県赤土等流出防止条例が1995年10月に制定・施行された。1,000 m^2以上の開発事業を行う事業者は、着工前に事業内容や赤土などの流出防止対策の内容などを沖縄県知事に届出、審査を

受けることが義務付けられている。届出内容に違反した場合には、知事は改善または工事の一時停止を命じることができる（沖縄県）。恩納村では、この県条例に先んじて開発行為の事前申請を開始したことになる。

12）赤土の流出を抑える対策は、モズクの光合成速度（生育に影響）や品質と生産量の低下を防ぐだけでなく、アマモ場の保護にもつながっている。アマモなどの海草群落は世界中で110 km^2／年の割合で減少しており、すでに1879年に存在した海草群落の30%近くが消滅している（Waycott et al. 2009）。沖縄でも赤土の流入によりアマモなどの海草群落の面積が減少している（小澤ほか 2005）。保全のためのモニタリングは世界中で実施されているが、その規模が粗すぎたり、頻度が少なすぎたりして、変化を効率的に検出できないことが多い（Valdez et al. 2020）。このような中で恩納村漁協がアマモ場をモズクの生育地として利用することで維持していることはとても重要だといえる。

13）琉球新報,「キビ葉殻」で赤土流出ストップ！恩納で畑に敷き詰める（2021年2月22日）．https://ryukyushimpo.jp/news/entry-1276032.html, 2025年2月16日確認。

14）『オニヒトデ駆除対策補助金交付申請書 駆除対策補助事業実績報告 恩納村』（1971）には、恩納村が1971年に行ったオニヒトデの駆除対策事業の目的が、「近海に生息するオニヒトデを駆除し、海中観光資源であるサンゴ、熱帯魚の保護を計る」とあり、琉球政府から補助金2000ドルが交付されている（琉球政府通商産業局運輸部観光課 1971；琉球政府通商産業局運輸部観光課1968）。

15）親サンゴを育成し、産卵を通じてサンゴ礁の海を育むことを最初から想定していた。

16）現在は、そのほかの全国の多数の生協が参加している（井ゲタ竹内, 恩納村コープサンゴの森連合会. https://www.igetatakeuchi.co.jp/sango/meeting.html, 2025年1月22日確認）。

17）水産庁企画課, 水産業・漁村の多面的機能. https://www.jfa.maff.go.jp/j/kikaku/tamenteki/attach/pdf/index-3.pdf, 2025年1月28日確認。

引用文献

Alleway HK, Waters TJ, Brummett R, Cai J, Cao L, Cayten MR, Costa-Pierce BA, Dong Y, Hansen SCB, Liu S Liu Q, Shelley C, Theuerkauf SJ, Tucker L, Wang Y, Jones RC (2023) Global principles for restorative aquaculture to foster aquaculture practices that benefit the environment. *Conservation Science and Practice*, 5: e12982.

原田幸子・浪川珠乃・新保輝幸・木下明・婁小波（2009）沿岸域の多面的利用管理ルールに関する研究―沖縄県恩納村の取り組みを事例に―. 沿岸域学会誌, 22: 13-26.

波利井左紀・灘岡和夫（2003）環境ストレスとしての赤土懸濁・堆積がサンゴ幼生定着に及ぼす影響. 海岸工学論文集, 50: 1041-1045.

比嘉義視・新里宙也・座安佑奈・長田智史・久保弘文（2017）漁協によるサンゴ再生の取り組み～沖縄県恩納村での事例～. 日本サンゴ礁学会誌, 19: 119-128.

Higa Y, Takeuchi A, Yanaka S (2022) Connecting local regions and cities through Mozuku seaweed farming and coral reef restoration: Onna Village, Okinawa. In: Kakuma S, Yanagi T, Sato T (eds.) Satoumi Science,193–215, Springer Nature, Singapore.

気象庁（2024）海面水温の長期変化傾向(日本近海). https://www.data.jma.go.jp/gmd/kaiyou/data/shindan/a_1/japan_warm/japan_warm.html, 2024年7月15日確認.

Kurimoto A (2020) Consumer cooperatives' model in Japan. In: Altman M, Jensen A, Kurimoto A, Tulus R, Dongre Y, Jang S (eds.), Waking the Asian Pacific Co-Operative Potential 235–244, Academic Press: Cambridge, MA, USA.

諸見里聡（1995）イトモズク糸状体の培養と養殖指導. 平成6年度水産業改良普及活動実績報告書. 10–14. https://www.pref.okinawa.jp/fish/kenkyu/suisankairyo-data/hukyuuh6.htm, 2024年7月15日確認.

野波寛・加藤潤三（2010）コモンズ管理者の承認をめぐる2種の正当性―沖縄本島における赤土流出問題をめぐる社会的ガバナンスの事例調査―. コミュニティ心理学研究, 13: 152-165.

大見謝辰男（2003）SPSS簡易測定法とその解説. 沖縄県衛生環境研究所報 = Annual report of Okinawa Prefectural Institute of Health and Environment, (37): 99-104.

大元鈴子（2017）ローカル認証――地域が創る流通の仕組み. 清水弘文堂書房, 東京

Omoto R, Uehara M, Seki D, Kinjo M (2024) Supply chain-based coral conservation: the case of Mozuku seaweed farming in Onna Village, Okinawa. *Sustainability*, 16: 2713.

恩納村（2023）恩納村第6次総合計画. https://www.vill.onna.okinawa.jp/sp/politics/plan/1681286557/, 2025年2月16日確認

小澤宏之・小笠原敬・宮良工・玉城重則・香村眞徳・長井隆（2005）沖縄島羽地内海における海草藻場分布の時空間変動と大型ベントスの生息状況. 沖縄県環境科学センター報, 6:86-93.

琉球政府通商産業局運輸部観光課（1971）オニヒトデ駆除対策補助金交付申請書 駆除対策補助事業実績報告 恩納村.

Sudo Y, Yamada S, Higa Y, Notoya M, Yotsukura N (2022) Evaluation of the morphological characteristics and culture performance of Cladosiphon okamuranus strains. *Aquaculture Research*, 53: 5996–6006.

The Nature Conservancy (2021) Global Principles of Restorative Aquaculture; The Nature Conservancy: Arlington, VA, USA.

豊島淳子・灘岡和夫（2016）日本のサンゴ礁域における観光業と漁業者の利害調整過程に関するケーススタディと生態系サービスへの支払い（PES）の活用可能性の考察. 日本サンゴ礁学会誌, 18:11-24.

Waycott M, Duarte CM, Carruthers TJB, Williams SL (2009) Accelerating loss of seagrasses across the globe threatens coastal ecosystems. *Proceedings of the National Academy of Sciences of the United States of America*, 106: 12377–12381.

Valdez S, Zhang YS, van der Heide T, Vanderklift MA, Tarquinio F, Orth RJ, Sillman BR (2020) Positive ecological interactions and the success of seagrass restoration. *Frontiers in Marine Science*, 7: 1–11.

柳哲雄（2006）里海論. 恒星社厚生閣, 東京.

柳哲雄（2010）モズク養殖とサンゴ礁保全－沖縄県恩納村漁協. 九州大学応用力学研究所報, 139: 145-147.

家中茂（2000）地域環境問題における公論形成の場の創出過程―沖縄県恩納村漁協による赤土流出防止の取り組みから, 村落社会研究, 7-1: 9-20.

Zayasu Y, Shinzano C (2016) Hope for coral reef rehabilitation: Massive synchronous spawning by outplanted corals in Okinawa, Japan. *Coral Reefs*, 35: 1295.

第5章
自然再生と地域活性
——農業政策を変化させたトキ
【新潟県佐渡市】

岩浅有記

トキの保護増殖から野生復帰へ

　2008年9月25日、新潟県佐渡市において10羽のトキ（Nipponia nippon）が放鳥された。これは、希少種対策としてのトキの保護増殖のステージから、かつての生息地への再導入という次の大きなステージへの移行を象徴する出来事であった。その後、2012年に放鳥トキが野生下での繁殖成功、2014年に野生下での成熟個体の出現、2016年に野生下で生まれたトキ同士のペア繁殖が確認された。レッドリスト2019においてトキは、それまでの野生絶滅（EW）から絶滅危惧IA類（CR）に変更された。現在、佐渡島の野生下では2023年末時点で推定532羽のトキが生息しており、野生下の個体数は増加傾向にある（環境省2024; 図1）。こう

図1. 水田に降りるトキ（佐渡市提供）

した状況の中で環境省が2021年に策定した「トキ野生復帰ロードマップ2025」では、トキ野生復帰の最終的な目標を「国内のトキが自然状態で安定的に存続できる状態となること（成熟個体1,000羽以上、複数の地域個体群、遺伝的交流、過密にならない）」とした。

　トキの放鳥、地域への再導入は、トキを取り巻く自然環境の保全・再生や、地域社会における合意形成や環境教育などをも促進させた。つまり、トキの野生復帰プロジェクトは、いわゆる種の保護のための絶滅回避の視点から、絶滅危惧種を取り巻く自然環境や地域社会を包括的に捉えるという視点へと自然環境政策を大きく展開させた。その大きな成果が、自然環境政策と農業政策の統合により創出された「朱鷺と暮らす郷づくり認証制度」（図2;以下「トキ認証米制度」という）である（渡辺2012;桑原2015）。佐渡市では、これを契機として「トキと共生する佐渡の里山」として我が国初の世界農業遺産への認定（2011年）、「トキと暮らす島生物多様性佐渡戦略」（2012年）など、トキを核とした生物多様性農業政策が展開されてきている（渡辺2012）。本章では、トキの放鳥という目標を達成する中での、最も大きな成果とも言える政策統合や制度構築が、どのようなステークホルダーの関与のもとで、どのような過程を経て行われてきたのかを浮き彫りにしていくことである。その前に、まずはトキ保護の歴史について概観しておこう。

図2. 朱鷺と暮らす郷づくり認証米

トキ保護の歴史

　1908年にトキが「狩猟に関する規則」の保護鳥に追加されてから、ちょうど100年後の2008年にトキが放鳥されるまでのトキ保護の歴史を外観すると、主として4つの時代に分けることができる（表1）。

第1期：トキ保護黎明期（1908～1952年）

　江戸時代までは日本はもとより東アジア一帯に生息していたトキであるが、明治期になると装飾品としての羽根、羽毛や、食用としての肉を目的として乱獲が進んだ。1908年に保護鳥に指定されたものの、1925年に発刊の新潟県天産誌には「濫獲のためダイサギとともに、その跡を絶てり」と記録され、大正末期にはトキは絶滅したと思われていた。昭和に入ってからは佐渡や能登においてトキの目撃例が寄せられるようになり、1931年には佐渡の旧新穂村生椿でトキ27羽の群れが確認されている。その後、1934年にトキは天然記念物に、1952年に特別天然記念物に指定された。

第2期：トキ保護の本格化（1952～1967年）

　戦争のため停滞していたトキの保護であるが、特別天然記念物に指定された翌年には佐渡朱鷺愛護会が設立された。国や県の本格的なトキ保護政策としては、1959年のトキの営巣地の保護と冬期の給餌などのトキ保護増殖事業が始まりとされる。保護活動も進み、トキの生態に関する知見も充実したが、野生の個体数は徐々に減少していった。

第3期：飼育技術の確立と人工繁殖の試み（1967～1999年）

　文化庁の予算に新潟県の予算も加える形で新潟県がトキ保護センターを清水平に設置し、国と県による行政を主体としたトキの飼育が本格的に始まった。人工飼料の開発などが行われ、トキの飼育技術が確立した。また、中国の協力も得ながら人工繁殖を試みるなど、トキの人工繁殖技術を着実に積み上げていった。一方で野生の個体数は減少を続け、1981年には佐渡に最後に残った5羽の全鳥捕獲が行われ、野生のトキは絶滅した。その後捕獲されたトキが死亡していき、2003年に最後の個体であった「キン」が死亡して日本産トキは絶滅した。

第4期：人工繁殖の成功と野生復帰に向けた準備、トキ放鳥（1999～2008

年）

　中国から「友友（ヨウヨウ）」「洋洋（ヤンヤン）」のペアが1999年に贈呈され、「優優（ユウユウ）」が誕生し、わが国初の人工繁殖に成功した。翌年、「優優」とペアになる「美美（メイメイ）」が供与され、これら2ペアからトキの飼育個体数は順調に増加していった。2003年には野生復帰の目標を定めた「環境再生ビジョン」が公表され、具体的には2015年頃に60羽定着の目標が示された。各取組と同時並行でトキの野生順化訓練が実施され、2008年に最初のトキ放鳥が行われた。1981年の全鳥捕獲以来、実に27年ぶりに佐渡にトキが野生復帰した。

表1．2008年にトキが放鳥されるまでの100年間のトキ保護の歴史（岩浅 2019を一部改変）

第1期：トキ保護黎明期（1908～1952年）	
1908年（明治41年）	「狩猟に関する規則」の保護鳥に追加
1925年（大正14年）	「濫獲の為ダイサギ等と共に其跡を絶てり」と新潟県天産誌に記録
1930年（昭和5年）	後藤四三九氏、佐渡にトキがいることを発表（1933年（昭和8年）に論文発表）
1931年（昭和6年）	高野高治氏、旧新穂村生椿で27羽のトキの群れを確認
1934年（昭和9年）	天然記念物に指定
第2期：トキ保護の本格化（1952～1967年）	
1952年（昭和27年）	特別天然記念物に指定
1953年（昭和28年）	佐藤春雄氏、佐渡朱鷺愛護会設立
1959年（昭和34年）	川上久敬氏、新穂とき愛護会設立
1960年（昭和35年）	国際保護鳥に選定
第3期：飼育技術の確立と人工繁殖の試み（1967～1999年）	
1967年（昭和42年）	新潟県、トキ保護センター設置、トキの飼育を開始
1981年（昭和56年）	環境庁、佐渡に生息する野生トキを5羽一斉捕獲
	中国陝西省洋県にて7羽のトキが再発見
1993年（平成5年）	種の保存法に基づく国内希少野生動植物種に指定、同法に基づく保護増殖事業計画を策定
第4期：人工繁殖の成功と野生復帰に向けた準備、トキ放鳥（1999～2008年）	
1999年（平成11年）	中国から「友友」「洋洋」のペアが贈呈され、「優優」が誕生（日本で初めて人工繁殖に成功）
2003年（平成15年）	環境省、野生復帰の目標を定めた「地域環境再生ビジョン」を公表（2015年頃に60羽定着）
	「トキの野生復帰連絡協議会」設立
2007年（平成19年）	環境省、野生復帰ステーション設置、その後トキの野生順化訓練開始
2008年（平成20年）	第1回トキ放鳥実施

トキ認証米制度の創設プロセス

トキ認証米制度の創設に至るプロセスの概略

　ここでは、第4期の1999年5月のトキの人工繁殖成功から2008年9月25日の第一回試験放鳥が行われるまでの間の、政策統合とトキ認証米の制度構築のプロセスを描き出していく。

　図3は、トキの野生復帰に至るまでの間に、自然環境政策と農業政策の統合が図られ、トキ認証米の制度が構築されてきたプロセスを6つの流れ（I〜VI）で整理し、まとめたものだ。I列は国のトキの保護増殖に関わる出来事、II列は佐渡市のトキ保護政策に関わる出来事、III列は佐渡市の農業政策でトキの保護に関係する出来事、IV列はJA佐渡の視点から佐渡米に関する出来事、I列およびII列はトキを取り巻く自然環境政策に関する出来事で、II列およびIII列はトキ野生復帰に向けた佐渡市全庁横断型施策に関する出来事としてまとめることができる。V列はトキの田んぼを守る会の視点からトキ認証米制度創設に関係する出来事を示している。図中、グレーの網掛けは政策を、白抜き文字は政策統合のプロセスにおける重要な転換点となった出来事を示す。そして、VI列はヒアリング対象者6名および岩浅が、それぞれの役職に就任した時期を示す。

　岩浅は、環境省の初代の佐渡自然保護官として放鳥前の2007年4月1日に佐渡市に赴任した。その後約2年間でトキ放鳥の準備、トキの放鳥、放鳥後の対応を行い、2009年4月30日に離任した。この間、地域内の人たちと交流を深め、信頼関係を構築し、政策展開に尽力してきた。図3は、その際の重要なステークホルダー（意思決定に関わる人たち）であった、佐渡市の髙野宏一郎氏、渡辺竜五氏、トキの田んぼを守る会の齋藤真一郎氏から改めてお話を伺い、また、その過程で制度設計に重要な役割を果たしたことが明らかになった佐渡市の金子晴夫氏、JA佐渡の江口誠治氏と板垣徹氏からもお話を伺って作成したものである（表2）。

　以下で、政策統合のプロセスを、5つの重要な転換点ごとに詳しく紹介していこう。

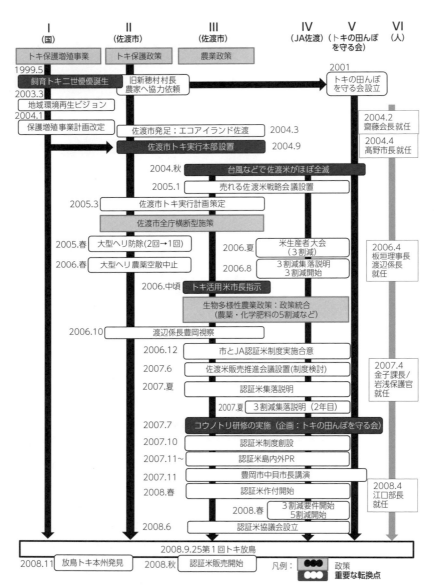

図3. トキ野生復帰プロジェクトにみる自然環境政策と農業政策の統合プロセス

表2. お話を伺った関係者の方々

名(敬称略)	出身旧町村	所属	経歴
髙野 宏一郎	真野町	佐渡市	真野町長(1期:2000～2004年)→初代佐渡市長(2期:2004～2012年)
金子 晴夫	赤泊村	佐渡市	佐渡市農業振興課長(2007～2009年)→同市産業観光部長(2009～2010年)→(部制廃止に伴い)同市農林水産課長(2010～2011年)
渡辺 竜五	相川町	佐渡市	佐渡市農業振興課生産振興係長(2006～2010年)→同市生物多様性推進室長(2010～2011年)→同市農林水産課長(2011～2014年)→その後複数の役職を経て2019年退職→佐渡市長(2020年～)
板垣 徹	新穂村	JA佐渡	JA佐渡代表理事理事長(2006～2012年)→人・トキの共生の島づくり協議会長(2017年～現在)、潟上水辺の会長(2004年～現在)
江口 誠治	金井町	JA佐渡	JA佐渡営農部長(2008～2011年)
齋藤 真一郎	新穂村	トキの田んぼを守る会	元JA佐渡職員(1982～1996年)、齋藤農園代表取締役(1999年～現在)、トキの田んぼを守る会長(2001年～2023年、2023年に同会解散)

飼育トキ二世優優の誕生 (1999年5月)

　板垣氏によると、「飼育トキ二世優優が誕生した時、トキの野生復帰を水田を通じて応援していこうという考えが農家の中に生じ、餌場整備をどうするのか、水田をどのように維持するのかなどについて話し合っていくことが必要だとの意識が芽生えた」とのことであった。そして、「農業者の視点から環境保全型農業のあり方を検討するために、トキの保護政策を中心的に担ってきた新穂村村長の本間氏(当時)が「必ずトキは佐渡の空に帰ってくる。今からその準備をしないといけないので農家の方々も協力してほしい」と農家に呼びかけ、2001年に"トキの田んぼを守る会"が設立されることとなった」という。会の設立メンバー7名の中に、齋藤氏が含まれており、その後、2004年2月から2023年2月まで会長を務めることとなった。このように、飼育トキ二世優優の誕生が、地域の農業関係者が水田環境の保全に関心を持つきっかけとなった。

　飼育トキ二世優優の誕生にあわせて、2003年に野生復帰目標としての「地域環境再生ビジョン」を環境省が策定し、2004年に具体的な法定計画としての「保護増殖事業計画」を農林水産省・国土交通省・環境省が共同で策定した。

佐渡市トキ実行本部設置（2004年9月）

　国の動きが進む中、2004年に合併により佐渡市が誕生し、髙野氏が初代の佐渡市長に就任した。これにより、旧新穂村が行っていたトキ政策が佐渡市に引き継がれることとなった。髙野氏によれば、「まず、佐渡市は"エコアイランド佐渡"というビジョンを掲げ、そして、「佐渡市トキ実行本部」を設置して、「佐渡市トキ実行計画」を策定することで、国の地域環境再生ビジョンや計画との統合を図りつつ、トキの野生復帰を実現していくという方向性を明確にした。しかし、トキの野生復帰に関する情報が国や県からなかなか来なかったこともあり、副市長と相談して、市役所に全庁横断会議を設置して独自に施策を進めようということになった」のだそうだ。国・県と佐渡市との間での情報共有の不足というある種の危機意識が、佐渡市が主体的に事業を推進せざるを得ない状態を作り出し、当事者意識を醸成したともいえる。

　「佐渡市トキ実行計画」では、環境保全型農業を推進することで、トキが野外で生息することが目指されていた。まずは、稲作における大型ヘリによる農薬空中散布の中止や、農薬・化学肥料の3割削減から始め、それを5割減へと導きながら、かつ、水田とその周囲の生物のための生息環境を作り出すというものである。しかし、渡辺氏によると、「当初、これに賛同する農家はほとんどおらず、なかなか施策を推進できなかった」という。

台風などで佐渡米がほぼ全滅（2004年秋）

　「佐渡市トキ実行計画」の推進を後押しするきっかけとなったのは、「2004年の台風や熱波によって佐渡米が例年の1割しか収穫できず、佐渡産米がほぼ出荷できない状態に追いこまれたことだった」と、ヒアリング対象者の全員がいう。これにより販売店や消費者から佐渡米に対する信頼が失われて販売不振に陥り、2005年から2007年までの間は佐渡で生産された米の約2割が売れ残ることとなった（渡辺2012）。2006年4月に佐渡市農業振興課生産振興係長に就任した渡辺氏とJA佐渡の理事長に就任した板垣氏は、売れる佐渡米を取り戻すために環境保全型農業に取り組み、トキ認証米制度を構築してブランディングしてい

くことで合意した。そして、佐渡市とJA佐渡との間で協働体制を整えた。このように、台風被害に伴う佐渡米の販売不振という危機が起点となり、自然環境政策として立ち上げられた環境保全型農業が農業政策に統合して展開されることとなった。

トキ"活用"米市長指示（2006年中頃）

　トキ認証米制度の具体的な検討は、2006年中頃、髙野市長が佐渡市の担当部長や渡辺係長に、トキを活用した佐渡米のイメージアップや新しいブランドの立ち上げを指示したことで始まった。髙野氏は、その市長指示の背景に「台風被害に伴う佐渡米の販売不振に対してのリカバリーショットを何で打つか、JA佐渡だけではやりようがなかった」ことをあげた。同時に、「トキの放鳥に向けて、目標である60羽のトキの野生定着を目指すための餌を本当に確保できるのか、冬期間の餌場確保はどうするのかなどの不安があった（渡辺 2012）」とも言う。こうした2つの危機から同時に脱するために、自然環境政策と農業政策との統合が目指されることになった。

　市長指示の重要なポイントは、保護対象であったトキを"活用"することによって、米のブランディングを図ろうとしたことである。髙野氏は、「トキを活用した米という発想は、トキの放鳥が決まっていたことから、これをチャンスとして活用しない手はないという、自然な流れの中で生まれたものだった。ドラスティックな佐渡米のイメージアップを念頭においた政策指示だった」と言う。市長指示を受けた渡辺氏は「2006年の段階では"トキで飯は食えない"という見方が支配的であった。米とトキを結びつけると最初に言ったのは髙野市長であり、さすがの着眼点だと思う」と振り返り、また、佐渡市の農業振興課長であった金子氏は「最初は髙野市長が一人でやっていた」と言う。JA佐渡の江口氏は「米にいかに付加価値をつけて売るかという視点、すなわち農業経済の側面を役所の中で考えたのは髙野市長だった」と述べている。これらのことから、この市長指示は市役所内で議論した結果ではなく、市長自らが考えたうえでのことであり、佐渡市の政策としては環境経済の視点だけではなく、農業経済の視点も併せ持ったまったく新しい政策立案だったことがわかる。

　市長指示を受けた担当部長と渡辺係長は、2006年10月18日から20日まで、

コウノトリの野生復帰が行われた兵庫県豊岡市に赴き、当地で取り組まれている「コウノトリ育むお米」（以下「コウノトリ認証米」という）の仕組みなどについて視察を行った。渡辺氏にとってこの視察による経験は、「農業政策とトキとを、自身の中で初めて結びけることになった」そうだ。渡辺氏によると「豊岡を見て佐渡はトキ認証米制度で行こうと思った。最初は、トキ認証米は無農薬栽培に結び付けなければならないと思ったが、部長から無農薬は売れるのか、収量は確保できるのか、毎年の余剰米5,000トンの販路開拓につながるのかと問われ、無農薬では難しいだろうと考えるようになった」、「理想をいえば無農薬無化学肥料だが、それには手間がかかり兼業農家には無理。まずは5割減を目指し、佐渡全体の農家に裾野を広げる作戦とした」とのことであった。そして2006年末に「トキ認証米」制度の実施をJA佐渡に提案し、それを進めることが合意された。2007年6月には「佐渡米販売推進会議」が設置され、制度の検討が始められた。

しかしながら、板垣氏によると「この時点ではトキ認証米制度をやるにせよ、佐渡市には米の販路がなく、販売上の位置付けが中途半端であった。そのため、位置付けを明確にしないとトキ認証米制度の議論を進めるのは難しいのではないかということをJA佐渡側では考えていた。佐渡市からのトキ認証米制度の提案に引きずられる形で始まったのが正直なところではあり、全農で販路を切り開いてもらえるのかも半信半疑であった」そうで、この時点ではトキ認証米制度の実施に際してJA佐渡側は完全に腑に落ちていたわけではなかった。このことに対して渡辺氏は「佐渡市には米の販売ノウハウがなく販路も持っていないこと、PRイベントも一過性で終わることが多かったことも、JA佐渡が佐渡市からの提案に乗りにくかった背景にあっただろう」と述べている。

コウノトリ研修の実施（2007年7月）

トキ認証米制度の議論や制度設計が加速する契機となった重要なイベントとして、トキの田んぼを守る会やJA佐渡によるコウノトリ研修の実施が挙げられる。これは、佐渡島内におけるトキ野生復帰の面的な広がりを持たせることを目的に、トキの田んぼを守る会の齋藤会長が同年4月頃から企画立案し、トキに関心のある関係者（佐渡市、JA佐渡、新潟県、全農、農水省北陸農政局、農家、野鳥の会、佐

図4. 豊岡市での研修（齋藤氏提供）

渡トキ保護会など）に呼びかけて2007年7月に実施したものである（図4）。齋藤氏は「JA佐渡の板垣理事長と専務の2人が一緒に豊岡へ行くことに驚きを持った。危機管理上、2人が一緒に行くことはほとんどないので、JA佐渡は本気だなと思った。豊岡市の中貝市長から全面協力を得て研修を受け、特に市長の講演には皆感動し、佐渡もやらないといけないし、やればできる、という意識が生まれた」とのことであった。

　その後、佐渡市とJA佐渡によるトキ認証米制度の本格的な検討が進んだ。板垣氏は「当時、佐渡ではトキで飯が食えるかと言われていたが、食えるようになるべきだと思った。トキは佐渡だけに生息しており米とも親和的が高い。こんなチャンスはないと思った。豊岡の成功事例に学びながらも、佐渡らしい制度にしたいと思った。特に、佐渡全体の取組にしたいという思いがあり、できるだけ多くの農家の賛同を得られるよう認証のハードルが高くなりすぎないように制度設計しようと考えた」という。同時に、「佐渡市とJA佐渡の両方がやろうと言っているのだから、農家も動いてくれたのだろうと思った」とも述べている。渡辺氏は制度設計の考え方として、次の3つの視点が重要だったと指摘する。「第一に余っている5,000トンの米を売り切ることを目標にすること、第二に多くの人が参加できる仕組みにすること、第三に佐渡の米の全量をブランド米にすること」である。このような過程を経て2007年10月に「トキと暮らす郷づくり認証制度」が創設された。

　以降、佐渡市が先導してトキ認証米PRの活動が行われた。渡辺氏によると、「所得の確保を確実なものにしていくために、佐渡市が先導して販路開拓を行った」、「佐渡米は元々美味いという自負はあったので、手にとって食べてもらえさえすれば買ってくれるという自信はあった。そのため、米の卸業者にも詳し

トキ認証米制度の創設プロセス

いコンサルティング業者を選定してPRを行った。その際に、トキ認証米制度のネーミングや米の袋のデザインなどを検討した。こうした過程で、トキを米づくりのストーリーに乗せることが、高いお米を消費者が購入することへの理由・納得感につながるようになること、消費者が食べることで間接的にトキを応援することになる、という視点も生まれた」とのことであり、実際、「選定したコンサル業者がイトーヨーカ堂のバイヤーとのネットワークを持っていたことが功を奏し、イトーヨーカ堂での販売に結びついた」のだという。こうした動きを見ていた板垣氏は、「佐渡市がそこまでやるのかという思い、新鮮な驚きがあった」という。こうした活動を経て、2008年6月に、「朱鷺と暮らす郷づくり推進協議会（認証米協議会）」が設立され、トキ認証米を認証して販売していく仕組みが整えられた。

　トキ関係者における当時の議論の様子を、齋藤氏は次のように語っている。「人間関係がうまく物事を運ぶ。今振り返ると、野生復帰にあたり面白く熱い男たちが勢ぞろいしたもんだとつくづく思います。環境省自然保護官、農水省環境保全官、新潟県、土地改良区、佐渡市職員、そして農家の親父（おやじ）たち。好きなことを言い合い、酒を飲み、歌い、心を一つにしてトキ野生復帰の地ならしをしていきました。本当に順調に物事が運んでいった記憶しかありません。まさに朱鷺（時）の運です」[1]。2008年9月25日のトキ放鳥は、このようなプロセスをとおしてもたらされた、自然環境政策と農業政策との統合によって成功に導かれたといえる。

政策統合をもたらした
ステークホルダー間のネットワーク

　自然環境政策と農業政策との政策統合過程でのアクター間の連関を整理し、図5に示した。この図では、ヒアリング対象者6名に、岩浅と、佐渡からの視察先であった豊岡市の中貝市長および農家・市民を加えた。

　自然環境政策と農業政策との統合を導き、そして、トキ認証米という制度に落とし込むうえでそれぞれのアクターが果たした役割には、以下のような特徴があった。まず、一点目として、佐渡市の髙野市長が市長としての権限を持っ

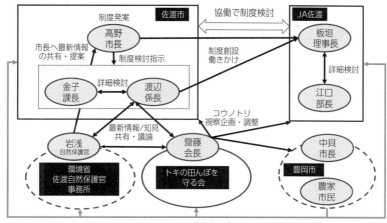

図5. トキ認証米制度創設に関するステークホルダー連関図。矢印の向きが働きかけの方向を示す。

て庁内に指示するとともにJA佐渡にトキ認証米制度創設を提案することで、政策統合の起点を生み出した。

　二点目として、トキの田んぼを守る会の齋藤氏が市民・農家の立場から佐渡市とJA佐渡の両者に働きかけ、橋渡し役を果たすことで、ネットワークが形成されたことである。各者は域内外のつなぎ役として機能した。特に、齋藤氏が企画・実施したコウノトリ研修は、トキ認証米制度の創設を前進させる重要な契機となった。トキ認証米制度創設における、齋藤氏の役割は非常に大きかった。

　三点目として、間接的ではあるが、豊岡の関係者がトキ認証米制度の創設に果たした役割が大きかった。佐渡市の渡辺氏にしても、JA佐渡の板垣氏にしても、豊岡でのコウノトリ認証米の取り組みの視察・研修が契機となり、佐渡でのトキ認証米制度創設の可能性と必要性を意識するようになった。「豊岡を見て佐渡はトキ認証米制度で行こうと思った」との渡辺氏の発言や、「中貝市長の講演には皆感動し、佐渡もやらないといけないし、やればできる、という意識が生まれた」との齋藤氏の発言に見られるように、豊岡市の具体事例が持つ説得力を伴う知見と、中貝市長らからの佐渡の関係者への鼓舞があったからこそ、トキ認証米制度創設に向けた自律的な動きが創発されたといえるだろう。

　四点目として、環境省佐渡自然保護官の岩浅が、齋藤氏、渡辺氏、その他多様な主体からなる関係者でトキ認証米を含めたトキの野生復帰について議論す

る機会を頻繁に設けてプラットフォームづくりを行ったこと、また、髙野市長に定期的に面会し、トキ放鳥に関する最新情報の共有や新たな施策の提案を行って支援したことによって、国・市・民にまたがる重層的なガバナンスの仕組みへと展開させたことも大きかった。

　2007年4月1日、岩浅は環境省の初代の佐渡自然保護官として佐渡に赴任した。そして、地域でのトキ放鳥に関する合意形成の場に参加する中で、地域住民がトキ放鳥に全面的に賛同している状況ではないことを認識し、それを打開してトキ放鳥を成功させるためには、農業や地域コミュニティの活性化と両立させていく必要があると考えた。以降、岩浅は、齋藤氏、渡辺氏、その他多様な主体からなる関係者でトキ認証米を含めたトキの野生復帰について議論する機会を頻繁に設けてきた。具体的には、齋藤氏は地域のトキ保護の歴史や現場における環境保全型農業について、渡辺氏はトキ認証米や環境保全型の農業政策について、岩浅はトキの野生復帰や生物多様性など自然環境政策について、それぞれが有する最新の情報や知見を共有し、相互に学び合い、トキの野生復帰に関する議論を深めつつトキ放鳥の準備を進めた。また、トキの放鳥には佐渡市の協力が不可欠なことから、佐渡市の髙野市長には定期的に面会し、トキ放鳥に関する最新情報の共有や新たな施策の提案を行った。渡辺氏は「当時、岩浅さんは自然保護から自然共生への転換が必要だと言っていた」、髙野氏は「佐渡市生物多様性推進室はあなた（岩浅）に言われてつくった」のだと、当時の岩浅の活動を振り返る。なお、佐渡市生物多様性推進室は、自然環境政策と農業政策の政策統合後の2010年に新たに設置された部署である。

　佐渡でのトキ認証米制度は、市長からのトップダウンによる指示、市民・農家としての齋藤氏からのボトムアップによる提案、豊岡市からの後押しによる佐渡市やJA佐渡の職員の意識変化、また、国の施策と地域のつなぎ役であった岩浅による支援が重層的に作用する中で構築されてきたといえる、そして、JA佐渡の板垣氏から「佐渡市がそこまでやるのか」と言わしめ、また、「佐渡市とJA佐渡の両方がやろうと言っているのだから、まあやってやろう」と齋藤氏を始めとする多くの農家に思わせるほどにアクター間での信頼関係が高められた中で、継続的に具体の検討がなされてきた。これは、すなわち、「上（政府）からの統治と下（市民社会）からの自治を統合し、持続可能な社会の構築に向け、関係する主体がその多様性と多元性を活かしながら積極的に関与し、問題解決を図るプロセス（松下・大野 2007）」である"ガバナンス"の仕組みが佐渡内に構築さ

れてきた過程であったと言い換えることができよう。「目的に向かって生じるネットワーク構成員間に継続的な相互関係があること」と「信頼とネットワーク構成員間で合意されたルールに基づく相互関係があること」は、ともにガバナンスの重要な要素である（Rhodes 1997; 朝波ほか 2020）。

　こうしたガバナンスの仕組みが構築されるようになった最初のきっかけは、髙野氏が述べたようにトキの野生復帰に関する情報が国や県からなかなか来なかったため、佐渡市が独自に取組を始めざるを得なくなったことであった。これにより、トキの野生復帰に関する取組が、佐渡市の地域自治の仕組みの中で考えられるようになった。佐渡市は、トキの放鳥に向けてボランティアや補助金による餌場づくりを進めたが、そうした活動だけでは不十分だとも考えていた。そうした矢先に、台風などによる佐渡産米の壊滅的な打撃とそれに続く販売不振という事態が発生した。自然環境政策と農業政策の統合と、それを遂行する社会の仕組みの創出は、これら2つの危機を同時に解決するための試みであった。

　従来のシステムから新しいシステムへのレジーム・シフト（第2章参照）を生じさせるきっかけとなるのが、「危機」であることが知られている（Folke et al. 2005; Folke 2016）。佐渡においても、危機が、国、市、JA佐渡、農家といったアクターを重層的にネットワーク化し、新しい統治の仕組みとしてのガバナンスを生み出すことにつながったと考えることができる。この政策レジームの変革により、トキ放鳥後の佐渡米の価格は上昇し、全量売り切れるようになった。同時に、トキ認証米に付随する水田での餌場づくりの取組の広がりにより、532羽のトキが野外で定着するようになった。

バウンダリー・オブジェクトとしてのトキ

　自然環境政策と農業政策を統合させ、地域の自然資源を様々な人々が協働して管理していくためには、人々が対話を通じてお互いの差異を認識し、それぞれの立場を尊重した意思決定がなされるプロセスが重要である（竹村ほか 2018）。異なる立場の人々の間の対話と集団的な思考を促進して、意思決定をサポートするツールは、「バウンダリー・オブジェクト」と総称される（Guston 2001; Cash et

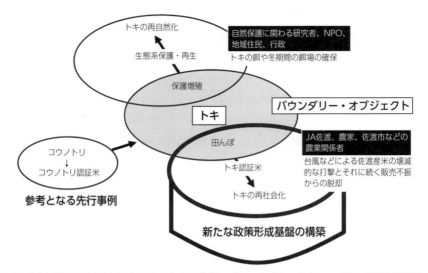

図6．トキを契機とした新たな価値の創出展開。トキがバウンダリー・オブジェクトとなって新たな政策形成基盤が構築され、トキの再自然化・再社会化が実現した。

al. 2003; White et al. 2010)。バウンダリー・オブジェクトの存在により、アクター間の境界をつなぐ対象、すなわち、場所・モノ・空間・言葉などが、各アクターの状況に合うように翻訳されて協働の橋渡しが行われ、協力関係が構築されていくとされる (Star and Griesemer 1989)。

　トキは、自然環境政策と農業政策の統合、アクター間のつながりや新たな経済的・社会的価値の創出を促したバウンダリー・オブジェクトとして位置づけることができる (図6)。つまり、トキがバウンダリー・オブジェクトとして機能したことで、台風などによる佐渡産米の壊滅的な打撃とそれに続く販売不振からの脱却を図ろうとするJA佐渡、農家、佐渡市などの農業関係者のインタレストと、トキの放鳥が目前に迫る中でトキの餌や冬期の餌場の確保を図ろうとする研究者、NPO、地域住民、行政などの関心・懸念がトキを通じて共鳴したことにより、別々に推進されていた環境政策と農業政策が統合され、生物多様性農業という政策的なレジーム・シフトをもたらしたといえる。

　本章では、トキ放鳥までの期間に焦点をあて、トキ認証米の制度創出をとおして自然環境政策と農業政策との統合が図られてきた過程と、それによって構築されたガバナンスの仕組みを示した。トキの放鳥から15年以上が経過した現在、トキをバウンダリー・オブジェクトとして構築されたガバナンスの仕組み

は、佐渡市での政策形成基盤、すなわち「政策形成能力を向上させ、政策形成を促進する基盤（内海 2012）」として活かされ、持続可能な観光交流など、さらなる地域政策へと展開している。究極目標は、髙野初代佐渡市長が掲げたエコアイランド佐渡の実現である。トキに限らず、多様な価値を結びつけることができるバウンダリー・オブジェクトは、それぞれの地域に存在するだろう。個々の地域でそうしたバウンダリー・オブジェクトを見出し、地域に内在する危機を逆手にとって政策統合を進めることが、地域の自治力を高めていくことにつながると考えられる。

本章は「岩浅有記・豊田光世・西牧孝行・鎌田磨人（2024）希少生物保全を核とした政策形成プロセスの分析〜トキ野生復帰に向けた認証米制度創設にみる自然環境政策と農業政策の統合．景観生態学，29: 99-109」として公表したものを再編して掲載した。ぜひ元論文も参照していただきたい。

謝辞

髙野宏一郎氏、金子晴夫氏、渡辺竜五氏、板垣徹氏、江口誠治氏、齋藤真一郎氏には数度にわたるインタビューに快くご対応いただきい、当時の経緯のみならず何としてもプロジェクトを成功させるという熱い気持ちも含め、政策のプロフェッショナルとしての矜持や経験知を語っていただいた。また、執筆にあたっては、実名およびお話しいただいた内容を記載することについて、皆様から御了承をいただいた。このことにより、政策統合と新たな政策形成基盤の構築のプロセスについて臨場感を持って詳細な内容を報告することが可能となった。本章で使用した写真は、佐渡市および齋藤氏からご提供いただいた。記して深謝する。

脚注

1) 毎日新聞社，トキと共に持続可能な農業へ．https://www.mainichi.co.jp/event/aw/mainou/prizewinner2016001.html，2024年6月20日確認．

引用文献

朝波史香・伊東啓太郎・鎌田磨人（2020）福岡県福津市の地域自治政策と海岸マツ林の自治管理活動の相互補完性．景観生態学, 25: 53-68.

Cash DW, Clark WC, Alcock F, Dickson NM, Eckley N, Guston, DH, Jäger J, Mitchell RB (2003) Knowledge systems for sustainable development. *Proceedings of the National Academy of Sciences,* 100(14): 8086-8091.

Folke C (2016) Resilience (Republished). *Ecology and Society,* 21: 44.

Folke C, Hahn T, Olsson P, Norberg J (2005) Adaptive governance of social-ecological systems. *Annual Review of Environment and Resources,* 30: 441-473.

Guston DH (2001) Boundary organizations in environmental policy and *science: an introduction. Science, Technology, & Human Values*, 26: 399-408.

岩浅有記（2019）トキ放鳥までの道のり．國立公園, 770: 12-15.

岩浅有記・豊田光世・西牧孝行・鎌田磨人（2024）希少生物保全を核とした政策形成プロセスの分析～トキ野生復帰に向けた認証米制度創設にみる自然環境政策と農業政策の統合．景観生態学, 29: 99-109.

環境省（2024）第24回トキ野生復帰検討会　資料2−1野生下のトキの状況等について．https://kanto.env.go.jp/content/000199038.pdf, 2024年4月6日確認．

桑原考史（2015）佐渡における環境保全型農業の到達点と課題．農業問題研究, 46:8-19.

松下和夫・大野智彦（2007）環境ガバナンス論の新展開．（松下和夫 編著）環境ガバナンス論, 3-31. 京都大学学術出版会, 京都．

Rhodes RAW (1997) Understanding Governance -Policy Networks, Governance, Reflexivity and Accountability. Open University Press, Maidenhead.

Star SL, Griesemer JR (1989) Institutional Ecology, `Translations' and Boundary Objects: Amateurs and Professionals in Berkeley's Museum of Vertebrate Zoology, 1907-39. *Social Studies of Science* 19: 387-420.

竹村紫苑・三木弘史・時田恵一郎（2018）地域の取り組みをつなぐ仕組み──地球環境知シミュレータ．（佐藤哲・菊池直樹編）地域環境学, 343-358. 東京大学出版会, 東京．

内海巌（2012）地方都市における政策形成基盤の構築に関する研究─上越市の地域自治区制度を事例として．関東都市学会年報, 14: 54-62.

渡辺竜五（2012）人とトキが共に生きる島づくりを目指して．野生復帰, 2: 17-19.

White DD, Wutich A, Larson KL, Gober P, Lant T, Senneville C (2010) Credibility, salience, and legitimacy of boundary objects: water managers' assessment of a simulation model in an immersive decision theater. *Science and Public Policy*, 37: 219-232.

Column 1

ローカル認証で進める生息環境の保全と地域課題の解決

大元鈴子

　アイコンとなる生き物を商品に添付するラベルにデザインし、一次産業とその生き物の生息地の関係を見えやすくすることで、生産活動が依存する自然環境を長期的に保全する方法として、ローカル認証がある。この認証制度は、地域の気候、生態系、土壌環境などの特徴を活かし、地域の状況に即した基準を設けており、特定の生態系の保全だけではなく、経済と農環境の多様性、地域農水産物の加工と販売を向上させることで、地域全体の持続可能性を目指す取り組みである（大元 2017）。つまり、認証制度と商品に表示されるラベル（図1）を活用し、生産地域の特徴を維持できる流通経路を構築することで、継続的に生産活動が依存する自然環境の保全およびそのほかの地域課題の解決を実現する取り組みである。本書では、第4章のモズク（サンゴ）と第5章のトキの事例でローカル認証が紹介されている。

　ローカル認証には、フラグシップ種（保全の目的を達成するために、その他の種や環境要素

図1　佐渡市「朱鷺と暮らす郷」認証ラベル（左下）の付いた米粉パッケージ

を代表する生物のこと）を冠したものが多く、一見するとその生物やその生物が生息する生態系の保全を主目的としているようにみえるが、実は地域課題解決のための施策でもある。たとえば、佐渡市の「朱鷺と暮らす郷づくり」認証米（以下、トキ認証）や豊岡市の「コウノトリ育むお米」は、特別天然記念物であるトキやコウノトリの餌場となる水田における稲作の方法を基準化し米農家を認証する制度である。しかし実際は、佐渡の場合、2004年の台風と熱波による佐渡米の不作による販売店離れという、一次産業の大きな課題解決のための施策でもあった。販売促進のためのイメージ戦略とローカル認証制度が異なるのは、（科学的）根拠（生物や生息域にどのようによいのか）が明確に示されている点である。たとえば、トキ認証の場合には"畔の管理に除草剤を使用せず草刈り機を使う"という基準があるが、これは、稲の草丈が高くなる夏場には体長75センチほどの体の小さいトキが田に入れず、畔で餌を探すことが多くなるというトキの生態研究に基づいている（永田 2010）。第4章の場合には、モズクの安定した生産には健全なサンゴが必要だという漁業者が生業から得る経験知に基づいている。

つぎに自然資源の地域による活用という視点からいうと、国の特別天然記念物であるトキとコウノトリは、「文化財保護法」によって守られており、容易に使えない。しかも一般的に思い浮かべる文化財と違って、鳥は餌をとったり巣作りをしたり、佐渡や豊岡の人々が生活する場を自由に移動する。両地域は、そのような法律で保護され安易に利用することのできない特別な生き物を、ローカル認証を活用することで一次産業に結び付け、農業政策およびコウノトリ/トキの町としてのブランディングに成功しているといえる。環境配慮した米が安定して売れること、また、

図2. Salmon-Safeラベルの添付されたワイン。原料のブドウが認証を取得している。

価格が上がることは、今後の後継者不足や耕作放棄地などの地域課題への対策としても期待されている。

　海外においても、たとえば米国西海岸のコロンビア川流域で活用されている「Salmon-Safe」は、その名の通り、サケ科魚類が河川で安全にくらせる水量や水質を維持するために必要な陸域の活動（農業など）を基準化・認証している（大元2017）。これは、サケが冷たい水を好む魚で水量が減り水温が上がることを防ぐと同時に、水利権をめぐり争いが起こる乾燥地帯での賢い灌漑用水の利用という地域課題の解決にも対応している。このローカル認証もまた、認証ラベルのついた生産物（図2）を販売することで、サケが生息する川の保全と乾燥地域の水不足という2つの課題を同時に解決しようとしているのである。その他のローカル認証の事例については、『ローカル認証－地域が創る流通の仕組み』（大元2017）に詳しい。

引用文献

永田尚志（2010）佐渡島における放鳥トキの移動分散と採餌行動. 環境研究 158:69-74.

大元鈴子（2017）ローカル認証―地域が創る流通の仕組み. 清水弘文堂書房, 東京.

第6章
多様な人々による都市の森の再生
【京都市宝が池の森】

鎌田磨人・丹羽英之・田村典江

多様な人々が集う場としての"宝が池の森"

　京都市の宝が池公園とその周辺に広がる"宝が池の森"（図1）。松ヶ崎東山と西山にあり縄文時代から人が集う地域であった。平安・戦国の世に麓で暮らした人々との深いつながりが各所に刻み込まれてもいる。尾根からは市街地が眺望でき、東には比叡山頂を望むことができる。五山の送り火「妙・法」を抱え、京都に欠かせない民俗文化を象徴する場所でもある。この森は地域の人たちによって大切に手入れされ、利用されてきた里山であった。現在は風致地区などに指定され、保全されている。

　こうした森を擁する宝が池公園は、1962年に着工された国立京都国際会館の建設に伴い、子どもの楽園、梅林園、菖蒲園、憩いの森、桜の森、野鳥の森が整備され、広域公園として供用されるようになった。宝が池の森は尾根と谷が入り組み、小規模な集水域が組み合わさることで、環境の多様性が見られる。尾根では春から夏にはコバノミツバツツジに象徴されるツツジ類の花が見られる。谷には湿地が形成され、宝が池や岩倉川、高野川へとつながり、森と水辺が連続することで、多様な生きものの生息・生育環境が提供されている。四季折々に表情を変える森林景観や、宝が池の水面が織りなす景観は、多くの人々にとって憩いの場となっている。森の中や池の周囲では多くの人が散歩やランニングをし、また、小学校や幼稚園・保育園の遠足の場として利用されたり、個人やNPOなどによる観察会や学習会などのプログラムが実施されたりしてきている（図1）。大学などによる森林環境の研究の場ともなっている。

図1 宝が池の森

宝が池の森の劣化と市民活動

　高度成長期以降、宝が池の森は、そのほとんどのエリアで高木の伐採や下草刈りといった管理が行われないまま放置されてきた。そのため、植生遷移が進み植生構造が大きく変化してきている。現在、尾根、斜面、谷といった地形に応じて、アカマツ林、コナラ－アベマキ林、シイ林、スギ・ヒノキ林が分布している。

　2010年頃からは、ナラ枯れとシカの食害が増加してきた（図2）。コナラ、アベマキを中心にシイなどにも、ナラ枯れをもたらすカシナガキクイムシによる穿孔が見られる。高さ20～30mに達する大木がいたる所で立ち枯れ、落枝や倒木によるビジターへの被害リスクが増大している。宝が池の森の南斜面には大径木化したシイ林が広がるが、山際に住む住民は、枯死したシイが倒れてくることに大きな不安を抱いている。シカの食害も一気に拡大していて、皮剥ぎにあった木々の痛々しい姿が広がっている。シカによる森林更新への被害も深刻で、

図2. シカの食害による林床の裸地化(上段)およびナラ枯れの進行(下段)。上段右2図は野田奏栄氏提供。

上層の樹木を伐採し林床の光環境を改善して後継樹の成長を助けようとしても、シカによりコナラなどの樹木の実生や草本類が即座に食べつくされ、次世代の木が育たない森になりつつあるのだ。

　学習会などをとおして市民の間でこうした課題の共有が進められた結果、2014年5月に「京都宝の森をつくる会(以下、森をつくる会)」が設立され、市民による森林管理への取り組みが始められた。そして、この森が京都市の都市公園の一角にあるがゆえに行政の理解や許可なしに活動を推進することができないことから、市民や研究者からの提案によって、関係する行政組織、地域自治会も参加する「「宝が池の森」保全再生協議会(以下、協議会)」が2015年10月に形成された。研究者が事務局を担って協議会を運営しており、情報・課題共有が図られ、また、様々な協働活動が展開されるようになっている。

　本章では、初期段階から活動に参加しながら観察・助言してきた鎌田(徳島大学)と協議会の事務局を務めている丹羽(京都先端科学大学)が、それぞれに所持している記録や記憶をもとに、協議会と活動の創出プロセスを表1に示す4つの段階に区分して詳述する。そして、外部者としての田村(事業構想大学院大学)が、協働の展開に重要な役割を果たしてきた野田奏栄さん(京都市都市緑化協会)、髙谷淳さん(京都宝の森をつくる会)、岩﨑猛彦さん(松ヶ崎立正会)、鎌田、丹羽にインタビューを行うことで、関係するアクターがどのようにつながり広がってきたのか、その中で研究者がどのような役割を果たしたのかを浮き上がらせる。

表1. 里山の保全再生に向けた協働の展開

協働の段階（年度）	内容	象徴的な出来事
I: 2008-2013	市民ネットワークの構築	・プレイパークの運営開始 ・「京都宝の森をつくる会」の設立
II: 2013-2015	市民、地域自治会、研究者、行政をつなぐプラットフォームの構築	・「宝が池の森」保全再生協議会の設立
III: 2016-2022	協議会主導による活動―活動と研究の連携	・「シカ問題検討WG」の設置 ・「こばのみつばつつじのトンネルを守ろう」プロジェクト ・「法」の字プロジェクト
IV: 2021-	ビジョンの共有	・「ゾーニングシステム検討WG」の設置 ・「森づくりビジョン」の策定

宝が池の森での協働の展開プロセス

市民ネットワークの構築

宝が池公園子どもの楽園でのプレイパークのリニューアル

2008年、宝が池公園の子どもの楽園がリニューアルされ、園内にプレイパーク（以下、PP）としての広場と屋舎がつくられた。この時、財団法人京都市都市緑化協会（以下、緑化協会）がPPの運営を受託し、そのための非常勤職員として野田さんを雇用した。当時、（公財）大阪自然環境保全協会（以下、保全協会）の理事を務め、様々な場所で里山保全の協働活動に従事していた野田さんは、この運営を引き受けた際、「PPにおける遊び場づくりや自然学習を通して森林環境への意識を高めるとともに、宝が池全体の森林問題の解決につなげていくこと、そして、行政がプランを定めプロと役割分担をしながら、市民が森林を利用することをとおして森林管理を実現すること」を目指すことを心に決めたのだという（野田 2013）。

PPの運営に関わる者が限られる状況の中で、野田さんは、保全協会での活動を通じて構築してきた人的ネットワークを活用しながら、活動を支援してくれる人を探し、PPという区切られた領域にとどまることなく宝が池公園全体をフィールドとして森林と川を一体的に利用する「自然あそび教室」を始めた（野田

2013、2017)。そして、自然あそび教室を通じて様々な人との連携をつくっていくことが目指された。子どもの楽園の利用は小学生とその保護者に限られているが、PPの常連となった親子、自然あそび教室に参加するようになった親子の中から、PPの運営を支援する保護者が現れた。また、ボランティアとして中学生以上が参加できる仕組みを設けていたことから、数年後にはPPに通っていた子どもたちの中から中学生リーダーも誕生した (野田・小川 2014; 野田 2017)。

大学との連携

　野田さんが活動を開始した当初、ナラ枯れやシカの食害といった課題は顕在化しておらず、遷移の進行による大径木化や下層植生の繁茂をどうするかが当面の課題として取り組むべきものであった。野田さんは「宝が池の里山環境の中で、大人が作業している周りで子どもが遊ぶ」風景をPPの中で作り上げることを最初の目標としていた。しかし、遷移によって藪化した森の中で子どもたちが遊べる場所は多くはなく、森づくりを行っていく必要性を感じていた。その必要性と方向性を、科学的根拠に基づいてみんなで検討していけるようにするため、大学と連携することを考えた。宝が池周辺の森林は、周辺の大学の研究フィールドとなっていたからだ。そして、田中和博さん (当時・京都府立大学教授) に相談を持ちかけ、2009年度から京都府立大学森林科学科の主催による「宝が池座談会」が始められることとなった。以降、不定期で、一般参加者も交えた情報交換会が行われるようになった。野田さんは「業務の範疇から外れていた」ために、宝が池座談会には自主的・個人の活動として参加する形となっていた。

　宝が池座談会を始めた田中さんは、学生実習としてプレイパークでの管理作業や自然あそび教室へのスタッフ参加の組み込みも行った。「その学生の中からPPや自然あそび教室のボランティアスタッフとして活躍してくれる学生が何人も登場したことが、PPや自然あそび教室を起動にのせるうえで大いに助けになった」、そして、「立命館大学、佛教大学、京都女子大学、大谷大学、京都造形芸術大学 (現・京都芸術大学) などからのボランティア学生がPP運営を支えてくれるようになった」と野田さんは言う。その後、「京都学園大学 (現・京都先端科学大学) や京都精華大学の学生がインターンシップで参加するようになり、それら学生の一部はインターンシップ後も、ボランティアでPPの運営を手伝ってくれるようになった」とのことであった。このように、様々な大学からのボランテ

ィア学生がPP運営に関わるようになった。こうした学生たちにPP運営に携わる理由を尋ねてみたところ、「将来、教師になりたいという夢があって、その基礎をここで学べる」、「森林に興味がある」、「単純に楽しい」などの回答が得られた。これは、PPが様々な人に多元的価値を提供するものとなっていることを意味しているのだろう。

シンポジウムや学習会をとおした市民・研究者ネットワークの拡大

　2010年頃にはシカ食害やナラ枯れによる森林の劣化が顕在化してきた。これらは、遷移のようにゆっくりした時間軸での変化ではなく、急激な変化をもたらす。そのため、野田さんは、「早急に関係者間で連携していくための仕組みづくりが必要」だと強く考えるようになった。

　そのような中、2011年度からは緑化協会が指定管理者として子どもの楽園の運営を担うこととなり、緑化協会の自主事業としてシンポジウムや学習会を企画運営することが可能となった。そして、2012年度から緑化協会と京都府立大学森林科学科の主催により「宝が池シンポジウム」が、2013年度からは「宝が池連続学習会（以下、連続学習会）」が行われるようになった。こうしたシンポジウムや学習会には、「宝が池座談会」などをとおして関係が構築された研究者たちや、そうした研究者から紹介された新たな研究者が講師として招かれた（野田2013）。宝が池シンポジウムは年に1回の開催で、第1回（2013年1月13日）と第2回（2014年1月12日）は、京都府立大学を会場にして研究者からの話題提供が行われた後、ワークショップ（WS）で意見交換を行うというものであった（図3）。連続学習会は年に6回の開催で、原則、午前中に講師からの講義があり、午後に講師、参加者とともに現場を巡るというものであった（図4）。

　こうした宝が池シンポジウムや連続学習会で宝が池の森が持つ課題が共有されたことにより、それを何とかしたいとの思いを持つ市民が集まり、2014年5月に「京都宝の森をつくる会（以下、宝の森をつくる会）」が形成された。代表を務めている髙谷さんは「宝が池はランニングコースとして学生時代から使っていて非常に愛着がある。外から見ればきれいと思っている山が実はすごいことになっていることが宝が池シンポジウムや連続学習会に参加してわかり、ショックを受けた。同時に何か手伝いたいと思った」ということで仲間を集めて発足させたのだという。この会のホームページ[1]で、「学習会を重ね、大学の協力を得ながら、様々な活動を進めていきます」と述べられていることが、会の結成に

第6章 多様な人々による都市の森の再生

図3. 宝が池シンポジウム（上段：2013年、下段：2014年、京都府立大学）

図4. 宝が池連続学習会（2016年6月25日）

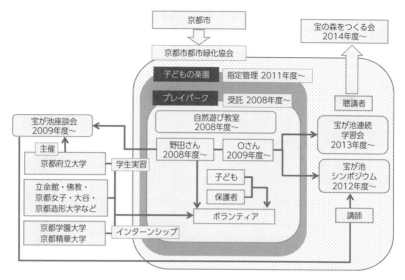

図5. プレイパークでの活動を核にして発展した市民・研究者ネットワーク

至る背景との関連を物語っている。

以上のプロセスで創出されたネットワークの概略は、図5のようになる。

市民、地域自治会、研究者、行政をつなぐプラットフォームの構築

　様々なアクターを巻き込んだネットワークを構築しながらも、「京都にはいろいろな大学に学会の権威者の先生がいて、そのような先生たちに同じ土俵にあがっていただくよう、自分のような立場の者から声がけすることが難しい」との思いを野田さんは持っていた。この時期、活動の初期段階から参加・観察し、また助言をしてきた鎌田も、活動を次のフェーズに移すためには研究者間での水平的関係を構築しておくことが必要だと感じていた。

　このため鎌田は野田さんと相談しながら、日本生態学会の力を借りて、京都府立大学森林科学科および緑化協会とともに、宝が池の森周辺での活動を題材にした「自然再生講習会・今日の里山再生－理念と技術」を開催することとし（2014年9月）、京都での森づくりに関してイニシアティブを発揮してきている大学

などの研究者を一同に集めて議論する機会を設けた（図6）。登壇したのは、田中さん（京都府立大学教授）、長島啓子さん（京都府立大学准教授）、森本幸裕さん（京都大学名誉教授／京都学園大学教授／緑化協会理事長）、柴田昌三さん（京都大学教授）、高柳敦さん（京都大学准教授）、竹門康弘さん（京都大学准教授／深泥池水生生物研究会世話人）などであった。田中さんは森林計画学会長、森本さんは景観生態学会長および緑化工学会長、柴田さんは緑化工学会長および造園学会長を務めるような"権威"であり、後に創出される協議会を牽引することになる研究者であった。

講習会では、公開・公的な場でのかしこまった議論の後に、研究者同士、また、市民団体などとの間でのフラットな立場で熱く思いを語りあえるようにすること意図した懇談会（飲み会）を行った。懇談会では、昼の講習会では登壇する機会を設けられなかった、宝の森をつくる会や深泥池水生生物研究会による保全活動を紹介する時間をつくりもした。この懇談会は、次の協働を生み出すうえで大きく機能した。

2014年度、鎌田の研究室の卒論生であった立石奈緒さんは、野田さんの活動に注目しながらインタビュー調査を行って、組織・個人の関係図を作成してい

図6. 宝が池の森周辺での活動を題材にして開催された「自然再生講習会・今日の里山再生―理念と技術」（2014年9月23日、京都府立大学）

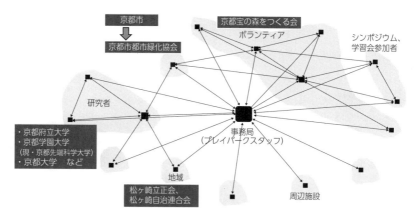

図7. ネットワークを構成する組織・個人の関係図。灰色部分にある黒文字はネットワークを構成する組織・個人を、黒枠内の白抜き文字はそれらの具体的な機関・団体名を示している。

た（図7）。その成果から、宝が池の森の保全再生に関して様々なアクターのつながりが構築されていること、それを結びつけているのはPPスタッフ、つまり野田さんであることが浮かびあがった。このネットワークが野田さんの声がけによって構築されてきたことを反映しており、一方で、その構造は極めて脆弱であることが判明した。このネットワーク構造を堅固なものにしていくには、研究者と宝の森をつくる会との間で直接的な関係をつくること、そして、京都市と緑化協会の縦のつながりを起点とした関係でなく、関係する組織が水平的な関係になるようなプラットフォームを構築しながらガバナンスの仕組みを整えることが必要であることは明白であった。

そうした折に、講習会で登壇した研究者から鎌田に対して、「次の動きはないのか」との問いかけがあった。京都市での活動に対して、地域外から参加していた鎌田は、それまで直接的に運営に関わることを遠慮してきた。京都内の研究者からの"依頼"をきっかけに、鎌田は野田さんたちと次のしかけを"公"に考えることができるようになった。

鎌田は「自然再生講習会でできたつながりを活かし、宝が池周辺の里山の保全・再生、利活用に関わる協働を発展させていくための次の一手を考える」ことを目的とした行動計画づくりWSの開催を関係者に呼びかけた。そして2014年11月26日、京都府立大学で鎌田がファシリテータを担ってWSを実施した。参加者は、森本さん、田中さん、長島さん、緑化協会（野田さん他2名）、宝が池公園の管理者である京都市建設局みどり政策推進室、そして、丹羽であった。こ

の場で、これら参加者を核として協働のプラットフォームとしての協議会の設立を目指すこと、第3回宝が池シンポジウムを協議会の立上げに向けた準備会として位置づけて実施することが決められた。

2015年3月22日、京都市、京都府立大学森林科学科、京都学園大学バイオ環境学部、国立京都国際会館、緑化協会の共催で「第3回宝が池シンポジウム」が開催された。ここでは、自然再生講習会でも登壇した研究者や公園管理者に加え、地域の代表者として岩﨑さん（松ヶ崎自治連合会会長、（公財）松ヶ崎立正会常務理事）、市民団体代表として髙谷さん（宝の森をつくる会代表）、周辺組織としての国際会館からも参加を得て、宝が池の森の課題とこれからの協働管理のあり方について鎌田のファシリテートにより議論された。最後に、京都市長が話しをする機会が設けられた（図8）。

総合討論の最後で、シンポジウムに登壇している組織・人によって協働のプラットフォームを構築することが提案され、鎌田から長島さんと丹羽に、それを継続させるための事務局を担うよう要請があった。その場で、長島さんからは、「覚悟をもたないと物事は進まない。これだけの人が集まっているので、あ

図8. 第3回宝が池シンポジウム（2015年3月22日、京都国際会館）

とはプラットフォームだけと感じる。ぜひ一緒になって進めていければと思う」との反応があり、丹羽もまた「シンポジウムの進行にあわせて、リアルタイムで発言記録をつくって参加者と情報共有しろとの仕事を振られた時点で、覚悟はできている」との気持ちを示した。京都市建設局みどり政策推進室からも「京都市として責任ある立場と認識している。プラットフォームを立ち上げていければと思っている」との考えが示された。最後に、京都市長から、「みなさんへの覚悟が求められる。改めて実感した。京都には三山の緑、地域力、それを支える人間力、大学力、また人を引きつけてやまない魅力があるのですが、先生らがボランティアで出てきてくれているということで、素晴らしい物語づくりをしていただいている。…素晴らしい自然をどう未来につないで伝えていくのか。みんなが覚悟をして、できることを積み重ねていく。京都市も責任を持って、みなさんとやっていく。それが我々の覚悟である。これからもよろしくお願いしたい」との言葉を得た。

　宝が池シンポジウムの流れを受けて、2015年5月21日に長島さんと丹羽を事務局として協議会の設立準備会の開催が呼びかけられた。7月2日に田中さん、森本さん、柴田さん、高柳さん、松ヶ崎立正会（岩﨑さん）、京都宝の森をつくる会（髙谷さん）、深泥池水生生物研究会（竹門さん）、緑化協会（野田さん）、京都市みどり政策推進室、北部みどり管理事務所、長島さん、丹羽、鎌田の参加のもとで準備会が開催された。そして、名称を「宝が池の森」保全再生協議会、会長を田中さん、副会長を柴田さんと髙谷さん、事務局を長島さんと丹羽として発足させることが決定された。その後、規約が整備されて10月2日に協議会が正式に発足した。これにより、「宝が池の森の保全・再生を行っていくために情報交換及び意見交換を行い、必要に応じて情報発信を行い、また、保全・再生のための協働活動を行うことを目的（規約2条）」として、研究者、市民団体、地域自治会、公園管理者、行政によるガバナンスの仕組みを構築する基盤が創出された。

異なるセクターの連携による協働活動の実践

シカ問題検討ワーキンググループの設置

　2016年4月24日に、京都市都市緑化協会と京都府立大学森林科学科の主催、

「宝が池の森」保全・再生協議会と日本生態学会・生態系管理専門委員会の協力により、宝が池シンポジウムが開催された。このシンポジウムは、深刻化するシカ被害に焦点を当て、シカによる宝の森の被害の現状を参加者と共有することを意図して行われた。パネルディスカッションの中で、参加者から「知識や現状の理解は深まったが、シンポジウムを開催しても具体的な対策を実行しなければ何も解決しないのでは」との意見が寄せられた。

　それまで協議会は、協議会員それぞれの活動の紹介など情報共有の場としてしか機能していなかったが、シンポジウムでの意見を受けて、協議会として自律的に取り組むべき活動について話し合いがもたれるようになった。その結果、喫緊の課題であるシカ被害の軽減対策に取り組むこととなった。そして、活動の機動性を高めるため、協議会内にワーキンググループ（WG）を設置し、シカ問題が専門である高柳さんを中心に協議会会員から希望者が参加した。このようにして設置された「シカ問題検討WG」での議論をとおして、宝が池の森全体を防鹿柵で囲うことを長期目標としながら、まずは、宝が池の森の象徴となっているコバノミツバツツジのトンネルを守るための防鹿柵を設置することが決定された。WGで協議した結果は、協議会で報告され、会員全体への情報共有が図られた。

　シンポジウムでの意見がきっかけとなったWGの設置によって、それまで情報共有の役割しか担ってこなかった協議会が、森林の保全・再生活動に対して積極的な役割を担う協議会へと変貌をとげた。この情報共有から積極的な関与・介入への転換は、協働実践を創出するうえでのマイルストーンとなった。

市民団体と研究者の連携による協働実践

　シカ問題検討WGの決定を踏まえ、2017年度、宝の森をつくる会が中心となり、京都府立大学森林科学科、京都大学農学研究科、京都学園大学バイオ環境学部の協力のもと、「こばのみつばつつじのトンネルを守ろう」プロジェクトが実施された。このプロジェクトは、春にピンクの花のトンネルのように咲き誇っていたコバノミツバツツジがシカの食害で衰退したことを受け、これを回復させるために尾根を防鹿柵で囲おうとするものであった。これを達成するため、宝の森をつくる会は京都府から「地域力再生プロジェクト支援事業交付金」を、京都市左京区から「まちづくり活動支援交付金」を獲得した。さらに、不足分を企業などからの寄付金で賄うために、広報活動などを展開した。そして、壊

図9. 市民団体と大学との連携によって実施された「こばのみつばつつじのトンネルを守ろう」プロジェクト

されにくい防鹿柵についての研究を行ってきた高柳さんの指導・助言のもと、集められた資金で資材が購入され、協力大学の学生などのボランティアなどによって防鹿柵が設置された（図9）。防鹿柵設置作業には延べ170人が参加し、尾根の約3,600㎡が防鹿柵で囲われた。

地域自治会、市民団体、研究者の連携による協働実践

宝が池の森には、五山の送り火のうちの「妙」「法」があり、その文化的伝統が協議会構成員である松ヶ崎立正会によって守られてきている。しかし、「法」の字の火床周辺の植生がシカに食べられて表土が露出し、雨による浸食が進んできたため、地盤崩落や63基の火床の倒壊が危惧されるようになっていた。このため、協議会をとおして「こばのみつばつつじのトンネルを守ろう」プロジェクトの過程を見ていた松ヶ崎立正会が、協議会の協力のもと、シカ食害から「法」の字の火床を守ることを目的とした「「法」の字プロジェクト」を立ち上げた。そして、2020年度には公益信託富士フィルム・グリーンファンドからの助成金、2021年度には「京都府地域力再生プロジェクト支援事業交付金」、「左

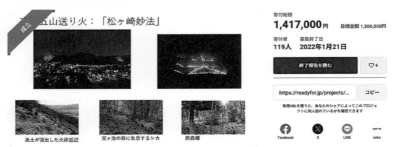

図10. 松ヶ崎立正会によって実施されたクラウドファンディング[2]

京区まちづくり活動支援交付金」、クラウドファンディング、直接の寄付などで資金を集め、周長430mの防鹿柵を完成させた。ちなみに、クラウドファンディングでは目標額120万円のところ、141万円を超える寄付が集まった（図10）。

ビジョンの共有

協議会発足後、構成員の様々な思いをインセンティブとして、協働の実践活動が創出されるようになった。これから創出されていく活動が、他の構成員から見て逸脱したものになっていかないように、活動を進めるうえで協議会構成員全員が共有できるビジョンや、目指す活動と森林の構造とを対応させた区域分け（ゾーニング）が必要となってきた。このため、2021年10月、協議会の中に「ゾーニングWG」を設置して、まずは、森づくりのビジョンを策定することになった。

ビジョン策定に先駆けて、2019年6月、鎌田の研究室の2人の社会人博士課程学生（植生図作成を専門とするコンサルタント技術者）、丹羽や鎌田らの呼びかけで集まった宝の森をつくる会、緑化協会の人たち、そして鎌田と丹羽によって調査が行われ（図11）、植生図が作成されていた（丹羽ほか2020）。あわせて、この植生図に基づくゾーニングの考え方が整理され、協議会に提供された（丹羽・鎌田2023）。この他にも、高柳さんの研究室の学生によって宝が池の森へのシカの侵入経路などに関する研究も行われていた。

図11. 森づくりの方向性を検討するための基礎資料作成のための植生調査（2019年6月21日〜23日）

　ゾーニングWGでは、これらの研究成果とともに、連続学習会の中で行われてきた宝が池の森の利活用のあり方を考えるWSや、宝が池シンポジウムなどでの議論を踏まえつつ、「森づくりビジョン」の素案づくりが行われた。このビジョンづくりのプロセスは、協議会構成メンバーが背景に持つ生態学的、社会・文化的、政策的な側面を考慮しながら、宝が池の森が持つ多元的な課題や将来像を改めて共有する機会となった。

　このような過程を経て、「多様な生きものが躍動する森」、「知恵と生きる力を育む森」、「文化と歴史が継承されている森」、「人の関わりと協働が魅力を創り続ける森」を骨格とする森づくりビジョンが、2022年3月6日に策定・公開された[3]。

協働を支える人々の関わり

　宝ヶ池での活動の第一の特徴は、関係性が発展しながら広がっている点にある。活動初期、PPの運営開始時点において、中心人物である野田さんの意向は「里山環境で子どもたちが遊ぶ」ことにあった。このとき、宝ヶ池公園の森は、

遊び場（フィールド）として認識されていたといえるだろう。一方で、その里山は放置され遷移が進行していたことから、遊びながら森を整備していくことも目指された。ここで、科学的な森林管理を行うための科学的な知が必要とされ、野田さんからのアプローチにより森林科学者との間で連携が生まれた。さらに、突如として浮上したシカ食害やナラ枯れなどの問題により、宝が池の森に対する積極的な介入、つまり森林管理を行うことが必要となった。このとき、活動のフィールドであった森に、管理の対象という側面が加わった。

　当初は、PPを通じて教育に関心がある人々が集まっていたところから、森づくりやその作業に関心がある人々が集まり、作業を共に行う仲間として市民団体が形成された。さらに、地域の景観や伝統の視点から森を見る地域の人々の参加へと広がっていった。この過程で、鎌田の関与により研究者間のプラットフォームが形成された。

　2015年3月の宝が池シンポジウムで、松ヶ崎立正会代表の岩﨑さんは「宝が池の森は生活の場として使っていたが、京都市が管理するようになって地域の者が入って自分たちで管理することができなくなった。死んだような状態になっていると感じる」「山に人が入らないとなかなか維持できないことを実感している。行政サイドに伝えて、協議していく場を設けていただかないと我々だけでは対処しきれない。子どもたちが山に入って活動することも続けられない」と語り、また、宝の森をつくる会代表の髙谷さんは「ナラ枯れ燻蒸処理あとの丸太の放置、ナンキンハゼの繁茂などを、私らの力で楽しみながら対処していきたい。炭を焼くのはくたくたになるが楽しい。それで焼いたシカ肉は美味しい。そういう楽しみを多くの人と共有していきたい」と語っていた。そうした2人に、これまでの活動の中で最も大きな転換点となったのはどこかと聞くと、「協議会の設立だ」と口を揃える。それぞれの活動の動機は異なるものの、どちらも公園管理者である行政と直接対話しながら自分たちが実現したいことを提案でき、そして、活動を展開するために必要な様々な手続きが行いやすくなったこと、また、研究者が持つ知に直接アクセスできるようになったことがその理由だ。その結果、市民団体や地域自治会による森林再生活動へとつながっていった。

　ここで重要な点は、活動に参加する一人ひとりが必ずしも同じ関心を抱かなくてもよい、ということだ。もちろん、「森づくりビジョン」に具現化されているように、総体としての望ましい森の方向性は保全協議会という場において

共有されている。しかし、場に参加する個人の動機には、自然の中で子どもたちと遊びたいというものもあれば、木を伐りたいというものもあり、また地域の景観を守りたいというものもある。このような多様な動機を、都市の里山環境や希少植物の保全という生態学的な動機と橋渡しする役割を果たしているのが、景観生態学や森林科学の科学知である。研究者が場に参加し、科学知を参照枠組みとして使うことで、多様な市民の期待を包摂しながら、活動を進めることを可能にしてきている。

このように、宝ヶ池における活動の展開には、研究者が様々な役割を果たしてきていることに特徴がある。そして、そうした研究者が活動に関わるようになったのは、野田さんの呼びかけによって繰り返し実施されてきた学習会やシンポジウムであった。学習会やシンポジウムの開催は、知の提供者としての研究者の関与がなければ実現できなかった。一方で、1回1回の学習会やシンポジウムでは、次のどのような活動を創出するために開催するのかがしっかりと意図されており、それが研究者と共有されていった。5年間、根気強くしかけを続けてきたことで、その場に参加していた市民に知が共有され続けた結果、宝の森をつくる会が設立され、それがまた協議会発足への礎になった。

宝の森をつくる会の設立後、2年間という短い期間で協議会の形成に至るが、その過程でも協議会設立を目指してシンポジウムが開催されたこと、この場で研究者である長島さんや丹羽が、その運営を担おうと覚悟を決めたことが重要なポイントであった。研究者が媒介役となって関係者間の調整を行ったことで行政（京都市）も参加する協議会が設立され、行政の見解と資源が協働管理アプローチに確実に組み込まれることとなった。結果、この協議会が情報共有、対話、意思決定のプラットフォームとして機能し、様々なアクター間の効果的なコミュニケーションと協力を可能にし、実践へとつながった。科学知は透明性が高く中立的なものさしを提供するので、行政を含めて森への関わり方を話し合う上で有用である。

研究者は、市民との交流の中で場所と結び付いた研究のニーズを見出し、知識生産を行ってきてもいる。植生図の作成やシカ防除による森林回復の検証などがその一例だ。その研究成果は協議会で共有され活動促進の材料として使用され、また、自らが属する研究者コミュニティとしての学会にインプットされもした。また、鎌田は、研究者間のプラットフォーム構築や行政への提案のツールとして、学会による講習会を活用した。学会や地域の大学が活動に関与す

協働を支える人々の関わり

ることは、市民活動に"権威"を提供することにもつながる。これらは、協働における研究者ならではの役割といえるだろう。

　また本事例では、研究者は知識生産者としての機能のみならず、協議会の事務局としての機能や、場づくりにおけるファシリテータ、スポークスパーソンとしての機能も果たしている。研究者が果たしている役割の多彩さは、宝ヶ池における活動の展開に見られる大きな特徴である。

　宝ヶ池公園に見られる活動主体の広がり、また、研究活動と市民活動の好循環の生成は、多様な主体が関わる自然資本管理の好例となる。しかしながら、いくつかの点で、課題もある。まずは土地に関するガバナンスの問題である。本章で取り上げた事例の多くは、京都市が都市公園として管理するエリア内で営まれている。市の公園管理方針などが抜本的に変化すると、協議会の取り組みは吹き飛ばされてしまうかもしれない。また規模の問題もある。ボトムアップで市民が取り組むこのような活動では、介入可能な面積に限りがある。宝が池の森全体を望ましい方向へと変化させるには、もっと大きな枠組みでの異なるアプローチが必要となるだろう。今後、現在の取り組みが火種となってより大きな活動へと増幅され、社会変革へのより大きなインパクトとしていくためにも、研究者が「実践としての超学際（第2章）」に取り組み続けることが重要だ。

謝辞

本章をまとめるにあたり、普段から活動をともにさせていただいている野田奏栄さん（（公財）京都市都市緑化協会）、髙谷淳さん（京都宝の森をつくる会）、岩﨑猛彦さん（（公財）松ヶ崎立正会）から改めて話を聞かせていただいた。また、お名前をあげさせていただいた先生方には、常日頃から協議会の運営をめぐって建設的な意見を述べていただいている。本章で記述した協働のプロセスは皆さんの献身的な取り組みなくては実現していなかっただろう。皆さんの活動に心からの敬意を表するとともに、様々な学びを与えていただいていることに深謝いたします。

脚注

1) 京都宝の森をつくる会. http://www.takaranomori.com/, 2024年12月28日確認.
2) READYFOR, 防鹿柵設置により、植物再生・表土流出防止を行い、妙法の火床を守る. https://readyfor.jp/projects/HOUNOJI_PJ, 2024年12月28日確認.
3) 「宝が池の森」保全再生協議会, 森づくりビジョン. http://takaragaike.html.xdomain.jp/pdffile/forest_vision_1st_ed_2_220306.pdf, 2024年12月28日確認.

引用文献

丹羽英之・森定伸・小川みどり・鎌田磨人（2020）近赤外線センサ搭載UAVを用いた効率的な植生図作成手法の開発. 景観生態学, 25: 193-207.

丹羽英之・鎌田磨人（2023）公園に関係する人々の多様な要望を森づくりにつなげるための新しい森林ゾーニング方法の提案. 景観生態学28: 125-136.

野田奏栄（2013）雑木林型公園での利用と管理運営のあり方―プレイパーク運営から森林管理への展開をめざす「京都・宝が池公園」の事例から. ネイチャーおおさか・スタディファイルno.5（CD版）

野田奏栄・小川美知（2014）「宝の森」で育つコミュニティー宝が池公園子どもの楽園プレイパーク事業. 公園緑地, 75: 15-17.

野田奏栄（2017）自然あそびの場づくりから里山再生へ―京都市宝が池公園プレイパークの運営を通して.（森林環境研究会編）森林環境2017―農山村のお金の巡りをよくする, 78-89. 森林文化研究会, 東京.

Column 2

協働活動支援のタケコプター
──ドローン

丹羽英之

地域の生態系の構造や機能の解明とモニタリング

　ドローン技術の発展により、生態系の保全と再生に関する研究が大きく進展している。ドローンは高解像度のカメラや多様なセンサーを搭載できるため、広範囲にわたるデータ収集が迅速かつ効率的に行えるのが特徴である。これにより、地域の生態系の構造や機能の解明が進み、より詳細なモニタリングが可能になってきた。

　ドローンを用いたモニタリングは、従来の地上調査と比べて多くの利点がある。たとえば、ドローンはアクセス困難な場所や危険な場所も含めて、短時間に広範囲で飛行できるため、安全かつ効率的にデータを取得することができる。そのため、経時変化を継続的に追跡することも容易である。

協働プロセスのデザインと合意形成

　生態系の保全や再生を成功させるためには、研究者、行政、地域住民、NPOなど多様なステークホルダーとの協働が欠かせない。ドローンを活用したデータ収集は、こうした協働プロセスを円滑に進めるための強力なツールにもなる。ドローンによって得られた情報は、視覚的に非常にわかりやすいため、科学的な根拠を市民や政策決定者に伝える手段として非常に有効である。たとえば、地域の景観を鳥の目で捉えることで、地域の現状を直感的に理解してもらうことができる（図1）。これにより、関係者間での共通認識が深まり、課題の掘り起こしや、保全・再生活動のマネジメントを円滑に進めることができる。金武町のマングローブ林では、定期的にドローンで撮影した画像が、協議会における合意形成や保全再生計画の策定、保全活動のモニタリングなど、幅広く活用されている（第8章参照）。

　一方、生態系の保全や再生において、超学際研究のアプローチがますます重要になっている。超学際研究では、異なる分野の専門家が協力して総合的に問題を解決するだけでなく、現場から生まれる具体的な課題に基づいて研究が進められること

が重要である。この現場から生まれる研究を進める際に、ドローンは強力なツールとなる。たとえば、宝が池の森では、森林マネジメントを進めていくうえで、植生図が必要になった（第6章参照）。既存の植生図は空間解像度が低く、具体的な森づくりには活用しがたい。そこで、ドローンを使い空間解像度の高い植生図を効率的に

図1　地域の概要を理解することを助ける鳥瞰写真

図2　ドローンを使って作成した植生図

作成する方法を開発した（図2）。作成した植生図は、森づくりを進めるうえでの基盤情報として活用されている。また、ツツジ類は、シカの食害や植生遷移の指標となるが、広域で開花をモニタリングすることは困難である。そこで、ドローンとAIによる画像認識を組み合わせ、ツツジの花の分布を把握する方法を開発した（Niwa 2024）。この方法を使えば、開花期に年1回撮影するだけで、経年的なツツジの花の分布の変化を分析可能でたとえば、防鹿柵設置の効果や植生遷移の状況をモニタリングすることができる。

引用文献

Niwa H (2024) Multitemporal monitoring of forest indicator species using UAV and machine learning image recognition. *Environmental Monitoring and Assessment*, 197: 4.

第7章
里山再生のための順応的ガバナンスの技術
【広島県北広島町】

鎌田安里紗

北広島町での自然資本の管理と活用

　広島県北広島町は、2005年に千代田、豊平、大朝、芸北の旧4町が合併して誕生した町であり、広島県の北西部、島根県との県境に位置している。面積は646.24㎢、2024年4月時点での人口は17,091人で8,394世帯が居住している[1]。1960～1970年代に急激な人口流出があった後、人口はゆるやかに減少を続けている。

図1. 山間農村の広島県北広島町。最奥部が雲月山。

　北広島町の中で芸北地域は、臥龍山や掛頭山といった1,000m級の山を有する山間農村である。雲月山では山頂周辺に草原、なだらかな斜面上に山林、そして平坦地に水田が広がっている（図1）。草原は、昭和の中頃まで牛馬の餌や茅を

得るための場所であり、山焼きが行われていた。山焼きは草原を維持するための主要な方法である（増井 2022）。また、家や水田と接する森林の裾野からは肥料としての草や薪が刈り取られ、採取されていた。しかし、人口減少に伴い、山焼きは途絶え、山林は利用されなくなり、これら生態系では遷移が進みつつあった（鎌田 2014）。こうした地域課題に対応するために、様々な活動が創出されてきている。

　北広島町では、変貌する地域の自然の状態を把握し、記録するために研究グループが組織され、1991年から3年間にわたり自然学術調査が行われた（大西 2015）。終了後、研究グループを継続させる形で、調査に参加した研究者らによって「西中国山地自然史研究会」が形成された。「西中国山地自然史研究会」は、「NPO法人西中国山地自然史研究会（以下、NPO西中国と呼ぶ）」として現存している。芸北町（現北広島町）は、調査の過程で集められた資料を保管したり活用したりするための拠点として、2002年に「芸北高原の自然館（以下、自然館）」という地域の自然史博物館を設置した。

　芸北地域では、NPO西中国などのメンバーによって様々な生態系の保全活動が行われてきてもいる。個別に行われてきていたそれら活動の主体を結びつけながら、新たな活動や仕組みの構築を担った中心人物が、2002年に自然館に着任した白川勝信さんである（大西 2015）。白川さんは休止していた「雲月山の山焼き」を、地域の人たちの考えに沿った形で復活できるよう調整役を果たした。そして、地域の消防団や町役場、そして高原の自然館などからなる「山焼き実

図2. 雲月山の山焼き[2]

行委員会」が主体となって、途絶えていた雲月山での山焼きを再開させ（図2)、
地域住民や地域外ボランティア、研究者らとの協働で継続される仕組みの構築

図3. 雲月山の草原

図4. 草原での観察会。雲月山は北広島町の野生生物保護区に指定されている。

に貢献した（白川 2009; 鎌田 2014; 大西 2015）。再生された草原（図3）は、学習やいやしの場（図4）、様々な野生生物の生息・生育地としての価値が創出されてきている（大西ほか 2013）。

　また、北広島町内では、2012年から「せどやま再生事業」と呼ばれる、地元の林家、森林組合、商店、行政、NPOからなる「芸北せどやま再生会議」が主体となって、地域内の山林から切り出された材を地域通貨と組み合わせて循環させることで山林管理を促進し、経済の活性化を図りながら地域の生物多様性

図5. 林家自身による木の持ち込み[3]

図6. 土場に集められた薪

保全を実現するための活動が展開されている（図5, 6; 芸北せどやま再生会議 2019; 鎌田 2014）。この活動では、白川さんが、NPO西中国の近藤紘史さん、河野弥生さんとともに調整役を担い、その仕組みづくりに貢献してきたことが大西（2015）によって示されている。

「せどやま再生事業」では、地域内の温泉宿泊施設や民家に、薪ボイラーや薪ストーブを導入することで、それまで地域外から調達していた重油や灯油を地域内から得られる薪に転換させて、地域外に流出していた資金を地域内に還流させている（図7, 8）。その結果、2016年度には薪ボイラーの導入前後で地域外に流出する資金は年間822.5万円から161.1万円に抑えられ、その他にも地域内への経済的な還元や資金フローが発生したことが報告されている（白川 2018）。さらに、その過程に地域の教育機関を巻き込むことで、環境学習の場としても活用している[4]（大西 2015）。

こうした協働による生態系の再生や活用の実践的展開に並行して、北広島町

図7. 土場に持ち込まれた薪の温泉施設のストーブでの活用

図8. 土場に持ち込まれた薪の温泉施設ボイラーでの利用

は「北広島町生物多様性の保全に関する条例」を策定した。そして、その条例に基づく「生物多様性きたひろ戦略」が、白川さんの調整により、地域内で活動する様々な人や組織が連携することで策定された（白川 2011; 鎌田 2013; 北広島町 2013）。この「生物多様性きたひろ戦略」によって、町内の各地で行われてきた生態系保全活動を、北広島町が公的に支援できるようになった。

　本章では、北広島町内での自然資本としての生態系の管理活用に関わる協働活動の中で「雲月山の山焼き」と「せどやま再生事業」に着目し、活動の創出、展開、継続の過程で中心的な役割の担った白川さんと、一連の過程を促進するうえで重要な役割を果たしたとして白川さんから紹介されたNPO西中国山地自

然史研究会の近藤さんと河野さん、北広島町役場の担当職員（以下、Aさん）、芸北小学校の校長（以下、Bさん）と教員（以下、Cさん）（表1）へのインタビューから得られた（表1）、管理・活用の活動を支える実践の技術を22の経験則（第3章参照）として描き出していく（表2）。

表1. インタビューを行ったステークホルダー

名（敬称略）	所属・肩書き
白川勝信	芸北高原の自然館・学芸員
近藤紘史	NPO西中国山地自然史研究会・理事長
河野弥生	NPO西中国山地自然史研究会（芸北高原の自然館）・職員
A氏	北広島町役場・職員
B氏	芸北小学校・校長
C氏	芸北小学校・教員

表2. 北広島町内での自然資本の管理・活用の活動を支える経験則（「」内はその名称）。

I. 活動の立ち上げ	
活動創生期の方針づくり	
経験則1	「面白さの見直し」を徹底的に行い、明確にする
経験則2	「成功のイメージ」を共有する
経験則3	「馴染みのある言葉」におきかえる
順応的管理の取り組み	
経験則4	「小さく始める」ことで、少しずつ軌道修正を行いながら、堅実に活動していく
経験則5	「地域のアイデンティティ」を活かす
地域目線での提案	
経験則6	「日頃の雑談」の中で、当事者が抱えている課題やニーズを集めておく
経験則7	「背景課題のあぶり出し」を行う
II. ステークホルダーとの関係性の構築	
共感者を生み出す	
経験則8	相手が「乗ってみたいと思える提案」をする
経験則9	「多面的な価値」を伝えて、取り組む意義を具体的に想像できるようにする
経験則10	興味関心についての「自分の軸」を誠実に伝える
経験則11	「判断の保留」を行うことで、無駄な対立を生むことなく建設的な議論を行っていく
巻き込み巻き込まれる関係づくり	
経験則12	相手のやりたいことに「巻き込まれることから始める」

経験則13	「暮らしとのつながり」を体感できるような授業や仕組みを設計する
経験則14	「芋づる式の説明」を続けていくことで突破口を見つける

III. ボランティアとの関係性の構築

段階的に輪を広げる

経験則15	「個人的なお誘い」をすることで参加者を獲得する
経験則16	「参加者視点の魅力」を伝えていく
経験則17	「熱量の持続」を図っていく

健全な関係性の構築

経験則18	「注意の先取り」を行ないながら活動を進める
経験則19	「ステップアップの余地」をひらいておく

IV. 継続的な活動の仕組みづくり─日常の中に位置づける

経験則20	「続けていくという前提」で過度の負担を避ける
経験則21	「会話の中での振り返り」を行うことで次回の企画運営に活かす
経験則22	「ゆるい入り口」にして,参加のハードルを下げる

自然資本管理を支えるマネジメントの経験則

活動の立ち上げ

創生期の方針づくり

　活動を立ち上げようとする時、白川さんは以下のようなことを心がけたという。雲月山の山焼きについては、「人を集めるために楽しい活動を付加してしまうよりも、本来の活動の中にある楽しさをわかってもらえる人に来てもらう」ことを考えて活動を設計していった。「山焼きに神楽体験とかバザーとかくっつけると、わかりやすく楽しいけど、レクリエーションイベントになっちゃう」と指摘し、「ボランティアに来る人は、そこで何をしたいんだろう、本当にそこに来たくなるにはどうすればいいんだろう」と山焼きそのものの面白さを見直すことから始めたと当時を振り返る。すなわち、共に活動を行ってくれるメンバーを募りたいとき、イベント性を高めた企画にして多くの人を集めようとすると、準備が大変になって疲弊してしまうので、参加してほしい活動そのもの

の魅力が何かを徹底的に掘り下げ、その面白さを広報していくことで、活動の目的に共感してくれる人を集め、継続的に参加してくれる可能性を高めるよう展開していた。ここで重要なのは、活動の「"面白さの見直し"を徹底的に行い、明確にする（経験則1）」ことであった。

せどやま再生事業の創生については、「（高知県のNPO法人）土佐の森救援隊のモデルをみて、いけるんじゃないかと思い始めたのが、発想のきっかけ」と話し、メンバーと共に高知県に視察に出かけたが「行ってみたら木が違うわ。できんなぁって話に」なった。しかし、「その帰りに温泉施設に行ったら、そこでボイラーで薪を燃やしていて。雑木を燃やせばいいんやから、これならうちでもできるってみんなでイメージが共有できた」「ロジックを伝えることよりも、実際どうなってるのかっていうのを一緒に見ないと」と感じたという。すなわち、他の地域でうまくいっている保全の方法を自分たちの地域でも取り入れたいと考えている状況では、仕組みを学んで、そのまま真似るだけではうまくいかない。うまくいっている現場を見に行き、自分たちの地域ではどのようなことができるか共に考えることで、現場の空気感を感じ、成功のイメージを共有できるようになる。そのことで一緒に工夫する余地が生まれ、共に考えるきっかけにつなげることができるようになる。つまり、「"成功のイメージ"を共有する（経験則2）」ことが重要であった。

また、「最初は"里山再生事業"って名前だったんですけど、それは何をするん？ 造林か？ って聞かれていて、話し合いの中で"せどやま"って言葉が出てきたんですよね。その言葉の意味を聞いてみたらみなさんイメージは一致し

図9. せどやまに咲くササユリ

ていて、草を狩って、ササユリがようけ咲いていて、みんなで走り回って、っていう。それがそのままゴールイメージ（目標像）になるなと思ったんですよね」とも話していた（図9）。すなわち、地域のいろいろな主体の方と共に活動をしていこうとするとき、地域の人に馴染みがないコンセプトやキーワードを提案しても共感が得られず、共に活動していくことができない。方言やその地域独自の言い回しなど、共通のイメージを持ちやすい言葉を用いることが、共通認識を得やすく、共に活動していきやすくすることにつながった。つまり、「"馴染みのある言葉"におきかえる（経験則3）」ことが活動を創生するうえで重要であった。

順応的管理の取り込み

活動全体に共通する姿勢として、白川さんは「やってみて間違ってたら後戻りができるということが大事」と話す。すなわち、地域の自然や環境を保全したり活用していくための方法を考えるとき、良かれと思って始めたことが後から取り返しのつかない状況になってしまう可能性がある。そのため、「"小さく始める"ことで、少しずつ軌道修正を行いながら、堅実に活動していく（経験則4）」ことが重要だと考えていた。

また、同時に「地域の人がこれをやったらどう思うんだろうかということを考えている」と白川さんはいう。「経済の面での合理性とか防災の面での合理性とか、自然保護の面での合理性とかそればっかりで考えていくと画一的になっていくと思うんですよね」と指摘し、「わけのわからないことがいろんなところにあると思うんです、生活の中に。そういう、そこの歴史の中でずっと消えずに残ってきたものというのは、なんかの意味があって、アイデンティティみたいになってる」ため、非合理的であったり非論理的であったりする地域の慣習などには意識的に目を向ける、とのことであった。すなわち、活動の立ち上げ段階で「"地域のアイデンティティ"を活かす（経験則5）」ことが、長期的な価値を生む活動につながっている。

地域目線での提案

河野さんは「世間話が好きなんですよね、楽しいし。その人のことがよくわかるから何か提案するときにもそれを踏まえて伝えられるというか」と話す。「日頃のやり取りが活動にも活きている」とのことであった。地域のいろいろな

人たちと共に活動をしていこうとするとき、それぞれの人が感じている課題や大切にしていることがわからなければ、適切な提案ができない。「"日頃の雑談"の中で、当事者が抱えている課題やニーズを集めておく（経験則6）」ことで提案の内容が独りよがりなものにならず、一緒に活動をしていける可能性が高まる。

　地域の方から「藪がすごいとか、猪が出るとか相談をもらう」白川さんは、「あれもしないとこれもしないとって、宿題は常にいっぱいある」が、「すぐ藪を刈るとか、獣の柵をつくるとかじゃなくて、その問題を起こしている背景にある本当の問題をよく考えて、問題を根本的に解決する仕組みを考えます」と話す。具体的に表出している数ある問題の根底にある課題を見出し、それを改善できる社会の仕組みを考え、提案しようとしてきていることがうかがわれる。まずは、「"背景課題のあぶり出し"を行う（経験則7）」ことが重要である。

ステークホルダーとの関係性の構築

共感者を生み出す

　新たな活動を始める際、白川さんは以下のように振る舞いつつ異なるステークホルダーとの関係性を構築してきている。まず、「いいこと思いついたんです、って一人一人に話す」ことを大切にしているという。公式な会議の場や、みんなが集まっている場で全体に投げかけるのではなく、誰とどんなことをやりたいかを思いついたタイミングで、「休みをとって、一緒にやりたい人に会いに行って、あなたとこんなことがやりたい」という提案をしてゆくのだという。つまり、「相手が"乗ってみたいと思える提案"をする（経験則8）」ことで、「それならやってもいいかな」と思ってもらえるようにすることが大事だという。

　一緒にやりたい人に考えを伝えるときには、「生態系の価値は複合的なので、その人に響く価値を伝える」ことが重要であるともいう。そのうえで「あなたのメリットになりますよって言われるだけだと、なんとなく嫌ですよね。だからその人がしてくれることが、他の人や地域、社会にとってどのようにいいのかも合わせて伝えます」とのことであった。その人にとっての直接の利益と他の人や地域や社会にとっての利益を合わせて「"多面的な価値"を伝えて、取り組む意義を具体的に想像できるようにする（経験則9）」ことで、協力してもらえる可能性を高めている。

一方で、「自分としては自然を守りたいんですけどとか、自分としてはここに興味があるんですけど、研究者なんでこういうことを知りたいんですけどって、自分の興味もしっかりと伝える」ことを意識しているという。そうでないと「あなたのメリットになりますよ、みたいな言い方だけでは嘘というか」と、「興味関心についての"自分の軸"を誠実に伝える（経験則10）」べきとの考えを持っていた。

さらに、活動に取り組んでいくことの是非について話し合うときには「賛成か反対か、みたいなことはポジショントークになっちゃうから避けている」といい、そうではなく「何のために、やるならどうやる、やらないなら何をやらない」というように、目的から最善な方法を見つけるための話し合いを続けていくことを大切にしているという。そのように「"判断の保留"を行うことで、無駄な対立を生むことなく建設的な議論を行っていく（経験則11）」ことができるようになるとのことであった。

巻き込み巻き込まれる関係づくり

様々なステークホルダーを巻き込むコツについて訪ねた際には「僕が巻き込んでやって来たという印象ではない」と話し、「自分はこうって先に決めて、それに人を巻き込むっていう風な立ち位置にたつと、相手は警戒もするし、その人にとって大事なことが消えてしまう感じがするので、互いが巻き込み巻き込まれるの関係でやってく感じ。最後はどっちがどっちを巻き込んだかわからないくらいがいい」という。まずは「相手のやりたいことに"巻き込まれることから始める"（経験則12）」ことが大事で、それによって接点ができる。そして、一緒にひとつの活動に取り組むことで、重なりや違いもより深く理解することができるようになるので、その後共に活動していきやすくなるとのことであった。

2012年に始まったせどやま再生事業に先立って、北広島町では2010年3月の「北広島町生物多様性の保全に関する条例」の制定に続き、同年6月から「生物多様性きたひろ戦略」の策定作業が行われていた。これらは、役場内会議での白川さんの提案により始まったもので、町役場職員のAさんは、「生物多様性って言葉はその時初めて聞いたんですけど、芸北とか北広島町にとって自然っていうのは強みでもあるので」、「条例づくりについて役場内からの反対はなかった」という。こうして、Aさんは白川さんとともに、条例および戦略の策定に

図10. 芸北小学校で実施された「挑戦科」での「せどやま再生事業」の紹介

かかる業務を行うようになった。このような中、広島県の補助事業である「過疎地域の生活支援モデル事業」の獲得を目指し内容を考えていたAさんに対して、白川さんは「芸北地域を、木材をテーマに盛り上げたい」と、せどやま再生事業の提案を行ったとのことであった。Aさんは、「せどやま再生事業は事業としてお金を生んでいくという経済的な要素があるので最初をサポートしたら自律的に回っていく可能性も高いし、過疎の問題、自然のこと、いろんなことを解決していける可能性がある」と思ったという。そのような期待を持って申請されたせどやま事業を核とする補助金が採択され、事業のスタートにつながった。「互いが巻き込み巻き込まれる」関係として実現された例の一つである。

せどやま再生事業では地域の小学校とも連携し、小学生とともに薪を使ってピザを焼き（薪の使い方を知る）、市場で薪が買い取られる様子を見学し（薪がお金に

図11　児童による木の切り出し[4]。切り出した木から得た地域通貨で地域の方たちを招いて行う「せどやまパーティ」。

なることを知る)、林家に学びながら実際に木を伐って市場へ運び対価を得る(木を伐る方法を知る)、対価として得た地域通貨を使って地域の商店でお菓子を買ってパーティーをする(労働の喜びを知る)という、1年間の学びを設計して実行していた(図10, 11)。小学校教員のCさんは「最初にピザ食べて盛り上がって、その後みんなで木を伐って、最後までたどり着いてっていう1年のストーリーを提案してくれたっていうのがありがたかった」と白川さんの提案を振り返る。「小さい経済の循環を、子供達がぜんぶ実感できるのがいいんですよね。お小遣いを

もらって使う、だけだったのが、あぁこういう風にお金って回るんだ、っていうのを知るきっかけになる」と、自然学習的な側面以外の学びをも得ることができる仕組みとなっていることに魅力があるようだ。すなわち、自然について考える要素が様々な科目や領域に分断されている小学校教育の現場では、暮らしや仕事と自然のつながりといった「"暮らしとのつながり"を体感できるような授業や仕組みを設計する（経験則13）」ことで、他の授業や業務と結びつけることができ、時間を確保しやすくなる。

　実現に向けて動く中でぶつかった課題を小学校長のBさんに尋ねると、「保護者の理解を得ること」と話し、木を伐るなど怪我をする可能性があることについては懸念があったという。新しい取り組みについて不安が生じてしまうのは当然でもある。しかし、全体としてできない空気感が漂っている中でも話のしやすい人から一人一人説明に周り、「私はいいけどあの人があかんって言いますよ」と聞くと次はその人へ、と順番に説明して回ったという。スタートしてみると、当初は難色を示していた保護者も、活動を通して変わる子供達の様子をみて積極的に支援してくれるようになったとのことであった。このように、新しい取り組みについて関係者全体に「できない」雰囲気が蔓延していて、どこから説明・説得に行けば良いのかわからないときには、まずは話のしやすい人のところに行き、そこを起点とする「"芋づる式の説明"を続けていくことで突破口を見つける（経験則14）」ことができる。

ボランティアとの関係性の構築

段階的に輪を広げる

　活動初回のボランティアを募る際には、「僕が感じてる山焼きそのものの面白さに共感してくれる人には、すでにいろんな場所で出会ってると思う」という理由から広く一般に広報するのではなく、「メールでお手紙書いてました。もちろんコピペは使いますけど、内容は一人一人に向けて考えながら少しずつ変えて」100名以上にメールを書いたという。メーリングリストなどの一斉送信に比べて手間がかかるが、「僕が2日かけてメール送るだけで山が1個焼けて、自然が守られてってなるなら全然労力じゃない」と話す。メールの内容については「最初の時のメールは、生態系の危機について書きました。送る人もそうい

うことに興味が向いている人だったので。保全したいという気持ちがある人も
いたと思うし、白川くんが真剣に言ってるから行ってやろうかな、という感じ
だったと思う。だから1回目に来てくれた人には、楽しさを伝えて来てもらっ
たわけではない」とのことであった。観光的な目的ではなく、活動そのものに
価値を認めている人に「"個人的なお誘い"をすることで参加者を獲得する（経
験則15）」ことが可能となる。

　2回目以降は、前回の参加者に一斉メールを送り、2年間参加がない人には送
るのをやめるという形で案内を行っている。参加者からの口コミで新たに参加
する人もいるという。「僕が言うと嘘っぽくなっちゃう」ので「僕自身の言葉で
楽しさを語ったことはない」と話し、「楽しいことの語り部は僕自身じゃなく
て、参加者の方自身」であり、「工夫してることとしては、参加者のみなさんの
アンケートの感想の中で、いいなという言葉を赤くハイライトしてみなさんに
送ったりする」ことだという。「"参加者視点の魅力"を伝えていく（経験則16）」
ことが重要だ。なお、ボランティア参加者数は、山焼き再開当初の2005年は151
名、2006年は179人、2007年は214人、2008年は206人であり、前年の参加者
の約半数が翌年にも参加している（白川 2009）。そして、ボランティアによる山
焼きは現在も続いており、2024年には、196人の参加を得て実施された。

　「あえて言葉にするならば、僕はリーダーということになるのかもしれないけ
ど、活動のリーダーっていうのも、活動の中で必要な一つのパートでしかない。
リーダーも、ボランティアもどんなポジションも、全部一つのパート」と、そ
れぞれの立場から見える活動の良さを大切にしている。また、「ボランティアチー
ムを組織化しちゃうと、"それをやりたい"ってこと以外もやらなくちゃいけ
なくなる。ボランティアって本来やりたいことをやるだけでいいはずなんです
よね。"会計係"とか担当をつくっちゃうと、役割ばっかりできて、純粋なプレ
イヤーがいなくなっちゃう感じがする」ため、会計などの運営上必要な仕事は
全て事務局が担い、ボランティア参加者は山焼きに集中できる環境を整えてい
る。そして、「1年目の人も5年目の人も、1人のボランティアとしてみんながフ
ラットに参加できるように」意識しているとのことであった。ボランティアと
しての役割、やりたいことを大事することで、その「"熱量の持続"を図ってい
く（経験則17）」ことが大事だ。

健全な関係性の構築

　地域住民とボランティア参加者が同じ目的に向かう者同士、対等な立場で活動に関わることができるよう「ボランティアが、ボランティア様にならないように」工夫をするという。点呼の時間にやってこない、写真ばかり撮り活動そのものに参加しないなど、純粋に山焼きに参加するのではない人がいると空気が悪くなってしまう。こうした困りごとの事例について「虎の巻のようなものをつくっておいて、作業開始前にみんなが集まった時に"こんな人は困ります"と伝えておく」という。作業開始後にそうした行為をする者にその場で注意をすると不快な思いをさせてしまう可能性があるので、参加者全員に事前に具体的な注意事項を周知しておくことで「みんなが知ってるマナーになったら、お互いに注意できたり、自分で遠慮したりしてもらえるようになる」ことを意識している。「ボランティアはお客様でもないし、単に労働力というわけでもない」からこそ、そのバランスを保てるように"注意の先取り"を行いながら活動を進める（経験則18）」ことに気を使っている。

　繰り返し参加してくれるボランティアからは「もっと作業を増やしてほしい、こんな風にやった方がいいのでは、とかリクエストをもらう」こともある。「手伝うけぇ何でも言ってくれって言ってくれる人には、ゼッケンに名札をつけるとか、燃料用意するとかをお願いしてます」と、やりたい人には事務局側の仕事もお願いできるようにしているという。「元々は山を歩きに来るっていう関わりから、ボランティアになって、さらにスタッフに近い動きをするというような階段があるかなって」と、深く関わりたいという気持ちがある人にも応えられるよう「"ステップアップの余地"をひらいておく（経験則19）」ことが大事である。

継続的な活動の仕組みづくり

日常の中に位置付ける

　活動全体の設計の際に工夫した点について白川さんに尋ねると、「みんなでわーと"自然保護"というよりも、歯磨きみたいな感じで、ご飯食べて、お茶飲んで、歯磨くかーみたいな感じで、自然のことを考えてもらいたい」、「やめるといつか虫歯になっちゃう。けど、やめてもすぐに影響はわからない、っていう

のが自然に似てるなぁって」と、自然保護を歯磨きに例えて説明した。だからこそ、「学校での授業に関しても、どんどん環境学習を広げていきたい、とは思ってないんですよね」と話す。行政も学校も、地域住民もそれぞれに思いがあり、日々やることがある。そうした日常の中で続けていけることが大事だということだ。

　NPO西中国では、せどやま再生事業などの活動に関心を持ってもらう入り口として、地元の人がゆるやかに参加できる「ハカセ喫茶」というイベントを開催している。それについても、河野さんによると、事務局側にも日々やることがあるとのことから、開催は不定期で、ゲストをわざわざ招くことはせず、研究者の訪問が決まったタイミングで企画するとのことであった。「次いつやるん？　もっと早く知らせてほしい、みたいに聞かれるんですけどね。やってる側がくたびれたら続けていけないので。あまり力を入れすぎないようにしてます」という。また、「人数を集めなければいけないとか、こうしなければいけない、みたいのがあるとしんどいから、あんまりそうならない方がいいかな」と考えており、参加者に対しても申し込み期限や定員を設けず、ギリギリでも参加してもらえるようにしているという。このように、主催側にとっても参加者にとってもシンポジウムやイベントの開催や参加が負担にならないよう、不定期でも継続して地域の中で考える機会を持つことを重視し、企画設計には力を入れすぎないようにするとのことである。参加者にとっても事務局にとっても、「"続けていくという前提"で過度の負担を避ける（経験則20）」必要がある。

　河野さんによると、ハカセ喫茶では「アンケートを取るってなると構えちゃうから、スタッフがよく声をかけるようにして、それで振り返ります」という。まずは地域住民が参加しやすい雰囲気づくりを行うことを優先し、参加者との会話の中で感想や意見をよく尋ねるようにすることで、参加者の意見や要望を把握していった。このように「"会話の中での振り返り"を行うことで次回の企画運営に活かす（経験則21）」とのことであった。

　告知の際にも、研究者の紹介や話の内容だけでなく、準備するお菓子の名前などを記載する。「そこのお菓子なら私行くわ、みたいな方もいて。そういう入り口もいいなぁと思ってるんです。来たら来たで研究の話を楽しんで帰ってもらえたりするので」と河野さんはいう。申し込み期限や定員を設けないことも含め、意図的に「"ゆるい入り口"にして、参加のハードルを下げる（経験則22）」ことを行っている。

経験則を順応的ガバナンスに活かす

　宮内（2013）は、環境保全や自然資源管理のためには、社会的しくみ、制度、価値を、その地域ごと、その時代ごとに順応的に変化させながら、試行錯誤していく協働のガバナンス、すなわち「順応的ガバナンス」を機能させることが必要であるとした。そして、複数地域の事例検討をとおして、そのための要素を3つに整理した。「試行錯誤とダイナミズムを保証する」、「多元的な価値を大事にして複数のゴールを考える」、「地域の中で再文脈化を図る」ことである。こうした枠組みが示される一方で、調整役がどのように振る舞っていくかで、順応的ガバナンスを動かすことができるのかについては、把握できていないとも指摘されている（大西2015; 宮内2017; 佐藤・菊地2018）。

　前節では、地域の生態系保全や活用に関する活動を促進するうえで調整役として中核的な役割を果たしてきた白川さんを中心に、活動の創出、展開、継続の過程での経験則を包括的に把握した。これを宮内（2013）が示した3要素に対応づけることで、それら経験則を、順応的ガバナンスを動かしていく技術としての活用可能性を見ておこう。

　地域内での調整役を果たしてきた白川さんらは、「小さく始める（経験則4）」ことでいつでも後戻りできる状況を保ちながら、新しいステークホルダーが登場したときには「巻き込まれることから始める（経験則12）」始めることで、新たな動きにつなげていた。また、「芋づる式の説明（経験則14）」や「個人的なお誘い（経験則15）」を通して、さらに試行錯誤できる領域を拡張してきていた。さらに、関わりをもったボランティアが、興味やモチベーションの変化に合わせて楽しみながら継続できるように「ステップアップの余地（経験則19）」を残し、運営側においても「続けていくという前提（経験則20）」を重視し、余地を残すことで、取り組みの形骸化を防ごうとしていた。これらは、試行錯誤とダイナミズムを保証すための技術として位置づけることができる。

　白川さんらが用いてきている「面白さの見直し（経験則1）」、「乗ってみたい提案（経験則8）」、「価値の多面性（経験則9）」、「自分の軸（経験則10）」は、活動の中に存在している多元的な価値を認め、明確化することを後押しする技術と考えることができる。また、「判断の保留（経験則11）」、「暮らしとのつながり（経験則13）」、

「熱量の持続（経験則17）」、「ゆるい入り口（経験則22）」など、価値のずれを前提とし、ずれを折り込みながら活動を持続させていくための技術も組み込まれていた。一方、場面によっては「注意の先取り（経験則18）」や「会話の中での振り返り（経験則21）」を行うことで、違和感やずれが生じる状況を自然な形で回避する技術も使用されていた。「ゆるい入り口（経験則22）」として抽出されているように、意図的なゆるさを作り出すことは新たな文脈や関係性を生み出すことに貢献している。多元的な価値を重視しながら、多様な人々の益を検討していると活動者自身の興味や動機がおざなりになってしまうことがある。「自分の軸（経験則10）」として記述されている通り、活動者の軸も多元的な価値の一つとして認識しながら他者に働きかけ、活動を推進していくことが重要であろう。これらは、多元的な価値を大事にするための技術として位置づけられる。

白川さんらは「地域のアイデンティティ（経験則5）」や「日頃の雑談（経験則6）」を用いながら、「背景課題のあぶり出し（経験則7）」を行うことで、具体的に取り組むべきことを検討してきていた。そして、「成功のイメージの共有（経験則2）」や「馴染みのある言葉（経験則3）」を用いて、地域の人たちが自分たちの地域での文脈におきかえ、実現の道筋を考えることができるよう支援していた。また、白川さんらから自分たちの活動の良さを提示しようとする時にも、グローバルな文脈での価値を示すだけでなく「参加者視点の魅力（経験則16）」を伝えることで、関係者の中で再文脈化された価値を浮かび上がらせられるよう工夫していた。経験則3で示されているように、方言やその地域独自の言い回しを用いることは活動を地域の文脈に埋め込み直すために重要であると同時に、地域の人にとって親しみのある景観を把握し、目指すべき方向性を共に再検討することにもつながる。たとえば、今回のインタビューの中でも、地域の方が用いる"せどやま"という言葉の意味を近藤さんに尋ねた際に「草を刈って、ササユリがようけ咲いていて、みんなで走り回って」という状態であることとして回答された。あるべき状態を皆が簡単にイメージできる言葉を使うことは、地域や関係者の中で再文脈化していくための技術として位置づけることができる。

経験則を順応的ガバナンスが機能するための要素との関連付けてまとめると、表3のようになる。これらの中で、「多元的な価値を大事にする」に関連する経験則は、全過程で抽出された22の経験則のうち10個を占め、実践の技術として特に多く蓄積されている。このことは、順応的ガバナンスを進めるうえでの、「多元的な価値を大事にする」ことの重要性を示唆している。それは、生態系に

限らず、地域に賦存する資源を活かしていこうとする時に共通するものだろう。これは、地域での取り組みが価値を生みながら継続するためには、対象を地域の資源として捉え直し、地域の営みや暮らしと接続することが不可欠であり、その実践の技術には共通するものがあることを示している。そのように考えると、今後、自然資本の管理のあり方を検討する際には、まちづくりの一環として教育、環境、福祉、観光など、他の地域資源の活用を試みている人々から得られた経験知も活用することで、より広い視野で包括的に進めていくことができるようになると考えられる。

表3. 順応的ガバナンスが機能するための要素との関連付け

順応的ガバナンスのポイントが機能する3つの要素	活動段階	経験則	
試行錯誤とダイナミズムを保証する	I	4	小さく始める
	II	12	巻き込まれることから始める
		14	芋づる式の説明
	II	15	個人的なお誘い
		19	ステップアップの余地
	VI	20	続けていくという前提
多元的価値を大事にする	I	1	面白さの見直し
	II	8	乗ってみたい提案
		9	多面的な価値
		10	自分の軸
		11	判断の保留
		13	暮らしとのつながり
	III	17	熱量の持続
		18	注意の先取り
	IV	21	会話の中での振り返り
		22	ゆるい入り口
地域や関係者の中で再文脈化する	I	2	成功のイメージ
		3	馴染みのある言葉
	II	5	地域のアイデンティティ
		6	日頃の雑談
		7	背景課題のあぶり出し
	III	16	参加者視点の魅力

I：活動の立ち上げ
II：ステークホルダーとしての異なるセクターとの関係性の構築
III：アクターとしてのボランティアとの関係性の構築
IV：継続的な活動の仕組みづくり
※順応的ガバナンスのポイントが機能する3つの要素は宮内(2013)に基づく。

本章は「鎌田安里紗・鎌田磨人・井庭崇（2023）地域生態系の協働管理・活用に関わる活動を促進するためのパターン・ランゲージ—広島県北広島町での協働の読解．景観生態学 28:49-67」として公表したものを再編して掲載した。この論文では経験則をパターン・ランゲージとしてとりまとめている。そのパターンの一部は本書の第11章で活用されてもいる。ぜひ元論文も参照していただきたい。

謝辞

本章のとりまとめには、広島県北広島町で活動を担っておられる皆さまにご協力頂いた。特に、活動の中心を担われている北広島町立芸北高原の自然館の白川勝信さん、NPO法人西中国山地自然史研究会の近藤紘史さんおよび河野弥生さんには度々お話を聞かせて頂いた。記して感謝いたします。

脚注

1) 北広島町, 月別人口・世帯数. https://www.town.kitahiroshima.lg.jp/site/profile/1292.html, 2024年5月14日確認.
2) NPO法人西中国山地自然史研究会,【イベント案内】雲月山の山焼き2022（2022.4.9.開催）. http://npo.shizenkan.info/?p=15473, 2024年5月14日確認.
3) NPO法人西中国山地自然史研究会, 芸北せどやま再生プロジェクト. http://npo.shizenkan.info/?page_id=16, 2024年5月14日確認.
4) NPO法人西中国山地自然史研究会, せどやま教室野外活動編＠芸北小学校5・6年生（2017.6.20）. http://npo.shizenkan.info/?p=6563, 2024年5月14日確認.

引用文献

芸北せどやま再生会議（2019）芸北せどやま再生事業——事業のご紹介. https://shizenkan.sakura.ne.jp/files/2019/sedoyama2019.pdf, 2025年2月12日確認.

鎌田安里紗・鎌田磨人・井庭崇（2023）地域生態系の協働管理・活用に関わる活動を促進するためのパターン・ランゲージ—広島県北広島町での協働の読解. 景観生態学, 28:49-67.

鎌田磨人（2013）生物多様性地域戦略の策定と推進における協働. ランドスケープ研究, 77: 95-98.

鎌田磨人（2014）里山の今とこれから．（鎌田磨人・白川勝信・中越信和 責任編集）里山のこれまでとこれから, 6-17. 日本生態学会, 京都.

北広島町（2013）生物多様性きたひろ戦略―いのちの輝きに出会い, 伝え, みずからが輝く町. 高原の自然館, 北広島町.

増井太樹（2022）半自然草原の成り立ちと管理.（日本景観生態学会 編）景観生態学, 102-103, 共立出版, 東京.

宮内泰介（編著）（2013）なぜ環境保全はうまくいかないのか——現場から考える「順応的ガバナンス」の可能性. 新泉社, 東京.

宮内泰介（編著）（2017）どうすれば環境保全はうまくいくのか——現場から考える「順応的ガバナンス」の

進め方. 新泉社, 東京.

大西舞（2015）空間の履歴を活かした協働プロセスのデザインとマネジメントー広島県北広島町の生態系保全活動を事例として. 徳島大学2014年度博士論文. https://repo.lib.tokushima-u.ac.jp/ja/109384, 2024年5月14日確認.

佐藤哲・菊地直樹（編著）（2018）地域環境学──トランスディシプリナリー・サイエンスへの挑戦. 東京大学出版会, 東京.

白川勝信（2009）多様な主体による草地管理共同体の構築―芸北を例に. 景観生態学, 14: 15-22.

白川勝信（2011）博物館と生態学(15)―地域博物館から地域生物多様性センターへ. 日本生態学会誌, 61: 113-117.

白川 勝信（2018）芸北せどやま再生事業がもたらすエネルギー流通と地域経済の変化.（森林環境研究会 編）森林環境2018──農山村のお金の巡りをよくする, 99-108. 森林文化研究会, 東京.

経験則を順応的ガバナンスに活かす

第8章
自然資本としてのマングローブ林を活用し続けるための仕組みづくり
【沖縄県金武町】

鎌田安里紗・鎌田磨人

自然資本としてのマングローブ林

　沖縄県金武町の億首川。その河口汽水域には、沖縄本島の中では比較的まとまった面積のマングローブ林が残っている。南国のエキゾチックな雰囲気を味わえるということで、たくさんの観光客がやってきて、満潮時の川面にはたくさんのカヌーが浮かぶ（図1）。最近は、修学旅行生も増えてきている。このようなことから、「第5次金武町総合計画」（金武町 2016）では、観光が金武町の主産業の一つに位置づけられた。

図1. 億首川のマングローブ林周辺で行われているカヌー体験（2024年10月29日撮影）

金武町でマングローブ林が観光資源として活用されるようになったのは、この20年くらいのことである。それまでマングローブは町の中に普通にある風景であって、町民からは見向きもされていなかったのだ。2004年、町で建設業を営んできた外間さんが、観光事業所としての「ふくらしゃや自然体験塾」を設立した。その背景には、「行政からの建設の発注は冬場になりがちで、また、暑い夏の作業は避けられることも多い。そのため、建設業の仕事は冬場の季節労働が大半で、夏場の収入源となる仕事が少ない。その補完的な仕事としてマングローブ林を活用したエコツーリズム事業を展開し、若者の定住を支援したい」との考えがあった。外間さんは、マングローブ林が観光資源として利用されていた国頭郡東村慶佐次(くにがみぐんひがしそんげさし)での事業運営などを学びながら事業を展開し、観光客を獲得してきた。

　2008年には「ネイチャーみらい館」がオープンし、観光客や修学旅行の受け入れを行うようになった。ネイチャーみらい館は、ふくらしゃや自然体験塾によって道筋がつくられたエコツアー事業を滞在型観光として発展させるべく、補助金などを活用しながら金武町が設置した自然体験型施設である。金武町内の複数団体のネットワーク組織として2006年に設立された「NPO法人飛雄ツーリズム」が指定管理者となって、億首川河口のマングローブ林などを活かした体験プログラムを提供したり、コテージやキャンプ場での宿泊を受け入れたりしている。近年は、修学旅行生が金武町内で民泊するにあたっての窓口も担っている。こうして金武町におけるエコツアーはコミュニティビジネスとして発展し（上江洲 2010a、2010b）、2014年度のみらい館の利用者数は約61,000人、2020年度には約98,000人となった（金武町 2016、2022）。そして、金武町出身の十数名の若者を雇用する施設となった。

　金武町立中川小学校はマングローブ林での調査活動を展開し、その結果、2013年にユネスコスクールに認定された。また、公益社団法人日本日本ユネスコ協会連盟主催の「2013年度第5回私のまちのたからものスライドショーコンテスト」で優秀賞を獲得した。このように億首川マングローブ林は重要な産業基盤・教育基盤であり、金武町はたくさんの文化サービスを享受している。マングローブ林は、金武町にとってかけがえのない自然資本として経済や文化（教育）の基盤となっている。

マングローブ林の劣化に伴う金武町内の動き

図2. 枯損が進むマングローブ林（2016年9月14日撮影）

　マングローブ林が金武町にとってかけがえのない自然資本となってきた中で、近年、その枯損が著しく進行してきた（図2）。そのため、2015年5月に地域内のツーリズム事業者と徳島大学のグループを事務局とする「億首川環境保全推進連絡協議会（以下、連絡協議会）」が設立され、金武町や沖縄県の担当部局、億首川に建設されたダムの統合管理事務所（内閣府）の方たちの間での情報共有が行われるようになった。

　2018年には、連絡協議会は金武町の企画課を事務局とする「億首川マングローブ保全・活用推進協議会（以下、推進協議会）」へと発展的に展開し、観光資源としてのマングローブ林を永続的に活用していくための仕組みについて話し合われるようになった。結果、「第5次金武町総合計画、後期基本計画」（金武町2022）に、「"億首川マングローブ保全再生・活用計画（仮称）"を策定し、農業と関連させながら、億首川沿いのマングローブ林を活用した観光・体験メニューを推進できるよう、NPOや関係機関等との連携を図る」ことが盛り込まれた。これを受けた推進協議会での議論・検討により、「億首川周辺マングローブ保全再生・活用基本計画」が策定された（金武町2022）。そして、金武町では、「観光事業者、億首川周辺の農家、飲食業者、町の観光を担う観光協会などから構成される新

団体を発足し、億首川周辺の資源や施設の活用方法および保全管理方法、予算の検討、観光プログラムについて推進を図る場を構築」すること、「億首川周辺資源を保全再生してくための財源確保のため、利用者からのお金を保全再生に還元する"億首川周辺環境協力金（案）"を制定し、その協力金を利用して、清掃活動やマングローブの植栽などの保全再生活動を実施できるような体制構築」を目指すこと、「プログラム料金の中に"億首川周辺環境協力金（案）"を含んだ形をとり、その一部を新団体の保全再生活動予算」に充てられるよう支援していくことが目指されることとなった。

　2023年、金武町は基本計画で描かれたマングローブ林の再生事業を行っていくための資金を得ようと、クラウドファンディングを行った[1]。その結果、目標額3,264,800円をはるかに超える6,914,000円が、全国460人から寄せられた。そこには、「昨年家族でカヌー体験をしました。素晴らしい体験でした、応援しています」、「億首川マングローブの保全・再生に携わっておられる金武町の皆さまの取り組みを応援します」、「マングローブの維持・管理は環境、災害対、CO_2対策として、頑張って欲しい」、「マングローブの景観保護に期待しています」、「地域の魅力づくり応援しています」、「美しい沖縄の自然を守ってください」といった応援メッセージもよせられている。

　マングローブ林の保全・再生に関わるこうした町内での展開は、マングローブ林が町にとっての重要な資本・インフラであり、マングローブ林の枯損・劣化が地域の観光産業およびそれによって暮らしている人たちの生活を脅かすことにつながるという意識が、町に根付いたからである。

　マングローブ林の劣化が進行していることにいち早く気づき警鐘をならしたのは徳島からマングローブの群落調査に来ていた鎌田磨人（以下、鎌田）の研究グループであった。その後、鎌田たちは研究を継続しながらその成果を地域に還元し、そして、マングローブ林を保全しながら活用していくための枠組みや体制が地域内に構築されていくことを支援する活動を行い、地域の人たちとともに上述のような実践活動を創出してきた。

　地域の外から入り込んだ研究者が、地域の人たちとともに自然資本の永続的な活用と保全のための活動や施策を創出していくためには、そのプロセスをどのようにマネジメントしていけばよいのか。本章の目的は、その答えを金武町で繰り広げられてきた活動の中に探し、そして、他地域でも研究者が地域の人たちとの関わりを深めながら、活動や施策を形成していくプロセスをデザイン

するためのヒントを提供することである。

　このため、実践活動の創出から推進協議会の設立、施策策定に至る期間に着目し、そのプロセスを鎌田が保有している資料や記憶をもとに詳述する。そして、鎌田安里紗が、そのプロセスに関わった人たちにインタビューを行い、プロセス創出・運営の過程で暗黙的に使用された経験則（第3章参照）を抽出して記述する。インタビューの対象者は、外間慎仁さん（ふくらしゃや自然体験塾）、鎌田（徳島大学教授）、竹村紫苑さん（当時・徳島大学博士課程学生、現・水産研究教育機構水産資源研究所研究員）、丹羽英之さん（京都先端科学大学教授）、神田康秀さん（金武町企画課企画係長）、前田馨耶さん（金武町企画課企画係）である。

マングローブ林の永続的活用と保全に向けた協働の創出プロセス

関わりの始まり

　鎌田たちと金武町のマングローブ林との関わりは2008年に始まる。当時、鎌田の研究室で修士課程の学生だった竹村さんが作成した沖縄本島のマングローブの生育適地地図の精度検証のため、琉球大学で河川工学を担っていた赤松良久さん（当時・琉球大学助教授、現・山口大学教授）と技術者として沖縄の河川調査を行ってきていた宮良工さん（当時・（一財）沖縄県環境科学センター、現・（株）沖縄環境地域コンサルタント）の案内で、鎌田は竹村さんとともに本島すべての河川でのマングローブの生育状況を確認してまわっていた。マングローブの生育確率がとても高く、生育に適した立地であると推定された億首川に行ってみると、マングローブが河畔に繁茂し、川面にはたくさんのカヌーが浮かんでいた。そしてその背後には、真新しい宿泊施設が見えた。その施設がこの年にオープンしたばかりのネイチャーみらい館であった。この風景を見た時、地域の人たちはこのマングローブ林を大切に活用していこうとしているのだなと強く感じた鎌田は、このマングローブ林の永続性評価に取り組み、その成果を地域の人たちに還元していこうと決めたのだった。以降、竹村さんが修士・博士論文研究の一部として、億首川マングローブの林分構造、照度、地形、表層粒径・硬度、実生分布

などの調査を開始した。同時に、河口から2km程度、汽水域頂上部にあった億首ダムに代えて金武ダムが新たに建設されていることを知った。そのため、金武ダムによる流況の変化がマングローブの生育に与える影響についてもシミュレーションを行った。すると、先に行われていた橋梁の建設による影響とあいまって劣化が進行するであろうことが予測された（竹村ほか2012）。

協働の芽生え

　上記の研究成果を地域の人たちと共有するために、ネイチャーみらい館でシンポジウムを開催することを思いついた鎌田は、博士後期課程の学生となっていた竹村さんと宮良さんに、地域との交渉をお願いした。地域でこれに応えてくれたのが、ネイチャーみらい館の指定管理業務を担う「NPO法人飛雄ツーリズム」の理事長であった外間さんであった。先にも述べたとおり、外間さんは「ふくらしゃや自然体験塾」を創設し、マングローブ観光業を作り出した仕掛け人でもあった。

　準備段階では宮良さんにお世話いただきながら、2010年8月20－21日、「マングローブ・河口干潟の保全とその技術に関するフィールドシンポジウム・億首川（主催：応用生態工学会・那覇）」を実施した（図3）。このシンポジウムでは、竹村さんの他、中須賀常雄さん（琉球大学名誉教授）、諸喜田茂充さん（琉球大学名誉教授）といったマングローブ研究者や、マングローブ林利用者としての外間さん、ダム管理を担っている北部ダム事務所の環境課長などに話題提供をお願いし、また、赤松さんにコメンテータをお願いした。こうしたメンバーを集めた背景には、琉球大学で長くマングローブの研究を行ってきていた研究者、マングローブに深く関わる地域の方たちといった地域のステークホルダーに、地域外から侵入してきている鎌田や竹村さんの研究や考えを知ってもらい、協働のきっかけにしたいとの意図があった。

　シンポジウム以降、鎌田のグループは、外間さんたちと強いつながりを持って研究や社会実装のための活動を展開することとなった。特に竹村さんは、調査に出向くたびに外間さんやふくらしゃや自然体験塾のスタッフに暖かく迎えられ、調査を支えてもらうようになった。このような過程を経て、竹村さんの研究によって示されたダム建設やそれによる河床環境の変化について紹介し、

図3. 協働のきっかけづくりとしてネイチャーみらい館で実施したフィールドシンポジウム（2010年8月20−21日）

あわせて、ふくらしゃや自然体験塾のカヌーガイドの方や、宮良さん、また、琉球大学で地域計画論を担っている神谷大介さん（琉球大学准教授）たちが河床の現状をどのように感じているのかを共有するためのワークショップ（以下、WS）を2012年6月12日に行った（図4）。その結果、「アセスメントとモニタリングの技術と仕組み」、「ダムに関する情報の発信方法」、「ダムに関する情報共有と合意形成の仕組み」、「マングローブの地域資源としての価値の見える化」、「多面的な視点に基づく施策」の5つの課題があることが明らかとなった。

このWSを受けて、まずは「アセスメントとモニタリングの技術と仕組み」を構築するために、河床変動のモニタリングを協働で行っていける体制を整え、実施した。これは、河床高変化を調べるために、億首川のマングローブ林内の18カ所に塩ビ管を打ち込み、地表に露出している部分の長さを「ふくらしゃや自然体験塾」のスタッフが1カ月に1回程度の頻度で測定するというものであった（今井ほか 2016）。そして、FacebookやGoogleを使って、こうした情報を共有していくための仕組みが整えられた（竹村ほか 2023）。

これに並行して、ハゼ類とカニ類をマングローブ林の生物指標としていくための調査が行われ、林内とその周辺には40種のハゼ類と39種のカニ類が生息し

図4. 河川環境の変化をどのように感じているかを共有するためのワークショップ(2012年6月12日)

ていることが確認された。この種数は、沖縄本島のマングローブ林の中でも最大級のものであり、億首川マングローブ林が生物多様性を保持するうえでも非常に価値の高い場であることが浮き彫りにされた。

そして、2013年以降は、丹羽さんに研究グループに加わってもらって、ドローンを用いた簡便なモニタリング手法の構築が目指されることとなった（丹羽ほか 2019、2021; Niwa et al. 2021、2023）。なお、2013年はこれまで活動の主軸を担ってきた竹村さんが学位を取得して徳島大学から転出したタイミングであり、丹羽さんの参入は継続的な研究・実践活動を行っていくうえでとても重要であった。

鎌田たちが得た研究成果は、調査に訪れるたびにふくらしゃや自然体験塾のスタッフと共有され、また、外間さんのセッティングによる飲み会（懇談会）でさらなる意見交換が行われた（図5）。飲み会には、外間さんがその時々の状況をみながら、町長、教育長、区長、公民館長などに声がけしてくれ、町のステークホルダーが集まる中で自由に意見交換が行われた。沖縄ではこれを「ゆんたく」といい、情報共有と合意形成を行って意思決定につなげていくための重要な場となっている。実際、鎌田たちが参加した懇談会でも、次にとるべき行動について話し合われ、参加者それぞれが話し合いの結論を日常の仕事場に持ち帰って具体の準備を進める、ということが繰り返された。

「億首川の自然ハンドブック（乾・竹村 2016；竹村・乾 2016）」の刊行は、「ゆんた

第8章　自然資本としてのマングローブ林を活用し続けるための仕組みづくり

図5. 調査に訪れるたびに繰り返された情報共有

図6. 億首川マングローブ林の価値共有のために作成されたハンドブック

く」の場での意見交換が活かされた事例の一つだ (図6)。そのきっかけは、ガイドツアーの場などで、億首川マングローブ林にたくさんのハゼ類やカニ類が生息していることをビジターに伝えてもらえるようにハンドブックを作成したいとの、竹村さんから仲間町長らへの提案であった。これを受けて町が費用を予算化し、2016年3月に金武町教育委員会によって発行されることとなった。このハンドブックは、現在もカヌーや野鳥観察などのガイドツアーで活用され続けている。

協働のためのプラットフォームの構築

　こうした中で、「億首川及び河川周辺の生態系・環境の保全・再生を行っていくために情報交換及び意見交換を行う。そして、必要に応じて情報発信や、保全・再生のための協働活動を行う」ことを目的として「億首川環境保全推進連絡協議会（連絡協議会）」を創設することが外間さんから提案された。そして、外間さんの働きかけによって、金武町役場、沖縄県、沖縄総合事務局北部ダム統合管理事務所といった行政の担当部局関係者、金武町内の観光事業者が、鎌田の呼びかけによって、琉球大学の研究者らが集められ、これに竹村さんと丹羽さんが加わって、2015年6月19日に連絡協議会が立ち上げられた。連絡協議会の運営は、会長に就任した外間さんを始めとするふくらしゃや自然体験塾のメンバーと、鎌田たちのグループでボランタリーに担っていくことなった。まったくの任意のものとして組織された連絡協議会ではあったが、これにより2012年のWSで課題としてあがった「情報共有と合意形成の仕組み」を整えていくための基盤が形成された。そして、設立総会に先立って行われた「億首川の持続的な環境の保全、管理の研究会」では、「マングローブの地域資源としての価値の見える化」を行っていくための視点が共有された (図7)。これも2012年のWSで課題としてあげられたものである。

　2017年3月2日、連絡協議会の観光事業者、金武町役場や北部ダム統合管理事務所の担当者、研究者などのボランタリーな参加を得て、マングローブの種子の侵入、実生の定着を助けるための河床の切り下げ作業が実験的に行われた (図8)。そもそも、マングローブ林の劣化は、橋脚建設、汽水域頂上部での新ダム建設といった人為的要因によって、マングローブの更新立地が奪われた結果で

図7.「億首川環境保全推進連絡協議会」の設立総会での研究会（2015年6月19日）

図8. マングローブの更新立地を再生するための協働作業（2017年3月2日）

あった（竹村ほか2012）。連絡協議会での情報交換（竹村さんの研究成果や、丹羽さんによるモニタリングの結果の共有）をとおして、マングローブ林を使った観光産業を持続するためにはマングローブが生育できる環境をみんなで整えていくことが必要だとの合意が形成されたことで、この協働活動は生み出された。鎌田たちが金武町と関わり始めてちょうど10年目の、節目となるイベントであった。

行政への引き渡し

鎌田たちと金武町との関係が深まるにつれて、町長などから「いつもボランタリーにきてもらっていてありがたいが、申し訳ない。町としても何かできるように考えなければならない」という声をかけてもらえるようになっていた。一方、鎌田は、10年の間に得た成果をより多くの町民に知ってもらい、より広い関心を得ながらマングローブの活用と保全の活動を行っていく必要があると考えるようになっていた。このため、「生態系管理講習会・億首川マングローブ林の保全と活用」を日本生態学会と億首川環境保全推進連絡協議会との共催、

金武町および金武町教育委員会などの後援により開催することとし、2017年11月17日に金武町立中央公民会を会場にして実施した。その冒頭、町長からの挨拶の中で、今後、町を事務局とする協議会をたちあげ、町としてマングローブの活用と保全について検討していく旨が表明された（図9）。これにより、マングローブの再生・保全検討の主体が、行政にバトンタッチされることとなった。

図9. 行政へのバトンタッチの場としてのシンポジウム（2017年11月17日）

以降、金武町の企画課が中心となって検討が進められ、連絡協議会を解散して公的な協議会が新たに立ち上げられることとなった。金武町は、マングローブ林を永続的に活用していくためにそれを保全していくことと、その方策を検討する必要があることを「第5次金武町総合計画、後期基本計画」で示しつつ、副町長を会長とし、区長会会長、沖縄総合事務局北部ダム統合管理事務所・副所長、沖縄県環境部環境再生課・課長、町内の観光事業者、研究者、金武町役場商工観光課、農林水産課、住民生活課、企画課の課長からなる「億首川マングローブ保全・活用推進協議会（推進協議会）」を2018年10月19日に設立した。推進協議会の事務局は企画課によって担われ、「億首川周辺マングローブ保全再生・活用基本計画（以下、基本計画）」の策定を最大のミッションとして運営された。基本計画の策定には鎌田、竹村さん、丹羽さん、赤松さんら、6人の研究

者がメンバーとして協力した。そして、研究者らの助言に基づいて実施されたマングローブ実生の植栽実験や、アドベンチャーツアーの試行結果を踏まえつつ基本計画が策定され、2022年3月に公表された。

　推進協議会の立ち上げにより、鎌田らの研究グループと外間さんたちとで展開してきたボランタリーな活動のフェーズから、町の責任で実施される公的なフェーズに移行した。そして、推進協議会は基本計画の公表をもって閉じられた。現在は、基本計画で示された方針を実行すべく金武町が継続的に努力し続けていて、また、町内に新たな協議会が設置され、活動が継続的に展開されるようになっている。

人のネットワークを広げて協働を創出していくための経験則

　前節までで、金武町における協働のプロセスを詳述してきた。以下で、このプロセスの創出・展開に用いられた経験則を抽出し、記述していく（表1）。

研究者が地域と関わりを作っていく

　金武町では、地域内で自然資本を活かした観光事業を立ち上げていた外間さんらの元に、鎌田、竹村さんら研究者が訪ねたところから自然資本を守り活かす取り組みが生まれ、時間をかけて町の取り組みとして位置付けられるまで育まれていった。鎌田や竹村さんに行ったインタビューでは、調査や研究のために金武町を訪れた他所者（よそもの）が、活動の立ち上げの頃にどう振る舞うのかという視点が多く語られた。

　修士・博士課程の研究の一環で沖縄の約200の河口を見て回り、マングローブ林の構造を観察していた竹村さんは、億首川にマングローブの若木がほとんどないことを「なんか変だな」と感じたという。そして、そのマングローブ林では地域の事業者がカヌーを実施する姿が見られたことから、「このまま劣化が進むことはマングローブを観光資源として活用している地域にとって損失にな

表1. 金武町での協働の創出プロセスに見られる経験則

協働の段階	経験則	
Ⅰ. 研究者が地域と関わりをつくっていく	1	「思いを持つ人とのつながり」が、地域に関わるうえでとても大事な要素となる
	2	「10年関わる心持ち」で、研究や活動を都度設計し直しながら、新たなメンバーにも声をかけながら継続していく
	3	「自然資源の劣化予測」は研究者と地域の人の目線合わせに役立つ
Ⅱ. 地域の人と学び合う	4	「一堂に会するシンポジウム」を企画・実施することは、活動の初期段階での関係者間で足並みを揃える機会になる
	5	「地域目線での課題共有」は、参加する地域の人と研究者の間のみならず、地域の人たちにとってもそれぞれが感じている課題と自然との結び付きを整理し、共有する機会になる
	6	「みんなで1回やってみる」ことが地域の活動として位置付けていくうえで効果的である
	7	「日常でできるモニタリング」の仕組みをつくることが、地域との連携を進めるきっかけとなる
Ⅲ. 連帯感を生み出す	8	「思いの共有」が地域の人たちと連帯感をつくり出していく
	9	「意図のある飲み会」にして、よい距離感で関わり合えるようにする
	10	「ふさわしい場所選び」を重視し、その日つくりたい雰囲気に合わせて場所を選ぶ
	11	「臨機応変な橋渡し」を行ってみんなが心地よく過ごせるように配慮する
	12	「関係構築の先回り」として、いつか一緒に取り組むことになると思われる人に早めから情報を共有したり、飲み会の場に招いたりしておく
	13	「小さなズレの解消」を行って丁寧に目線を合わせることが、共通認識を持ったり揉め事に発展したりしないようすることにつながる
Ⅳ. 行政につなぐための下地	14	「まちにひらかれた組織体」をつくることで活動の幅を広げていくことができる
	15	「活動履歴の可視化」は、その取り組みへの熱量を示すことにつながる
	16	「連帯感を生む共同作業」が関係性を深める
	17	「形にしてからの提案」が行政との連携を進めるうえで重要
Ⅴ. 行政の文脈に位置づける	18	「まちの方向性」を知り、活動が町の取り組みとして行政施策に位置付けられ、継続的に続いていくようにする
	19	「まちの資源としての自然の保全」であるという意識を共有していくためにも、資源管理を担うに相応しい部署が統括するよう提案をしていく
	20	「バトンタッチの場づくり」をして、町として取り組むのだとの意識づけを行う
Ⅵ. 活動が自律的に続けられる	21	「やる気が生まれる目線合わせ」をして、担当となった行政職員が自然保全に馴染み、熱意を持って仕事にとりくめるようにしていく
	22	「文脈の引き継ぎ」ができるよう、決定が行われた経緯が分かる資料をストックしていく
	23	「軸となる文書」があることで、人が変わっても世代が変わっても、重要な目的と活動が維持されていく

人のネットワークを広げて協働を創出していくための経験則

るのではないかと思った」そうだ。そのような問題意識を持ちながら現地に通う中で、竹村さんはカヌー体験の提供などマングローブ林を活用する観光事業者であるネイチャー未来館や、ふくらしゃや自然体験塾のスタッフと出会い、親交を深めていく。

　ふくらしゃや自然体験塾の代表である外間さんは、元々建設事業を営んでおり、冬場に公共事業が集中して夏場に安定した雇用を提供できないという問題意識から、年中雇用できる産業をつくりたいと考えていた。そして、近隣の町や事業者の取り組みを視察している中で、地域の自然を使うことができるのだという気づきを得たという。「建設業っていうのはね、建物を建てることにプライドを持ってやってるんですけど、やっぱ町のものを自慢してとか、PRして誇りを持つっていうのとは違うんですよ。町の自然を使って雇用してる村で、若い人たちを見てると全然目が違うんですよ。要するに町に誇りを持って仕事してるっていう感じがしたから、そういった産業って必要だな」との思いから、マングローブ林やサンゴ礁、陶芸、農業など、町に内在する自然、文化、産業を資本として観光客や修学旅行生に提供できる体験の場を取りまとめていった。

　竹村さんが調査を進めるにあたって様々なサポートや人の紹介をしてくれたのは外間さんであり、竹村さんは「外間さんが町のキーパーソンだと感じた。人を見て、適切な人をつなぐのが上手。また、ふくらしゃやの人がみんな魅力的で、それをお手伝いできるのが嬉しかった」と語る。こうした「思いを持つ人とのつながり」が、地域に関わるうえでとても大事な要素となる（経験則1）。

　鎌田は「研究だけでなく実践まで考えると、10年ぐらいのビジョンを持ってスタートしないと実現しない。最初に10年は頑張って続けられるかを自問し、継続性をどうするかを考えて、あとは、その時々の状況を見ながら仕掛けを考え、プレーヤーを探したり、ステークホルダーに投げかけて動きをつくっていったりする必要がある」と語り、実際に、竹村さんが博士課程終了後に職を得て、金武町に通いにくい環境になってしまった際に、新たに丹羽さんに声をかけて研究プロジェクトに加わってもらうことで継続性を確保している。声がけされた丹羽さんは、「地域で求められている課題をベースに、自身の研究手法を活用し、その結果を地域に還元することができる環境が整っているフィールドであることに魅力を感じたので喜んで参加した」のだという。このように「10年関わる心持ち」で、研究や活動を都度設計し直しながら、新たなメンバーにも声をかけながら継続していく必要がある（経験則2）。

鎌田や竹村さんは、町に関わり始めた初期の段階から、今後、川の上流にできるダムがマングローブの生育に影響を与えるのではないかと懸念していた。そこで、ダムができることによる流況の変化が河床変動量をどの程度変化させ、それがマングローブのハビタットにどのように影響するのかをシミュレーションし、その結果を、外間さんを始めとする町の人々に共有しようとしていた。外間さんは当時を振り返り、「竹村さんが来た当初は、我々にはあまり問題意識なかったかもしれないね。だんだん研究が進んで、その成果を知るにつれてダムの影響もあるかもしれんから、マングローブを守ることも少しやらんといけないなと。マングローブ林が枯れてカヌーができる環境がなくなると、産業が成り立たなくなるんで、そのバランスをよく考えないと。やっぱりまず自然が大事だなっていうふうになった」と語っていた。このように、「自然資源の劣化予測」が研究者と地域の人の目線を共有するうえでとても役立つものとなる（経験則3）。

地域の人と学び合う

　鎌田や竹村さんたちは、活動の初期の頃に金武町でシンポジウムを企画している。この時、それまでに関わってきた町の事業者だけでなく、行政や地域の住民、また近隣の大学でマングローブの研究を行っている研究者など、幅広いステークホルダーに声をかけていた。様々な専門家が登壇することになったため、「準備を手伝ってくれていた宮良さんから、こんなにすごいシンポジウムになるんだったら那覇でやりましょうって言われたんだけど、絶対駄目、金武町でやるって譲らなかった」と当時を振り返る。鎌田によると、このシンポジウムは「地域の人たちへの我々の自己紹介みたいな感じで、僕たちが何をやろうとしているのか、そして、これからも通ってきますというようなことを宣言する意味も含めて企画した」ものであるという。竹村さんは「関係者や興味がある人、研究者同士で課題認識が整理される機会になった。これからの活動の方向性や方針がそこで固まった」とシンポジウムの意義を振り返っている。活動の初期段階でこのような「一堂に会するシンポジウム」を企画して実施することは、関係者間で足並みを揃える機会になる（経験則4）。

　他に地域の人と足並みを揃えるために重要だった出来事を尋ねると、活動の

初期の頃に関係が構築されたふくらしゃや自然体験塾のスタッフや琉球大学の研究者などに集まってもらい、それぞれの立場で感じている課題を挙げてもらったWSだとの回答を得た。自然体験や観光の事業を行う中で感じている課題を教えてもらうことで、研究者がその課題に対して何ができるのか考えられるようになったり、研究成果がどのようにその改善に結びつくのかを地域の人に伝えられるようになったりしたからだ。鎌田は、「皆さんが持っている課題に対して調査したところこんな結果になりましたと、ちゃんと紐づけられるようになる」ことが大切であるという。さらに、「WSの目的は、我々自身が何をやればいいかを見つけていくっていうことが一つだけど、地域の人同士でもお互いがそういう課題を持ってるんだということを共有する機会にもなる。それまで地域のみんなで共有する機会はなかったので」とも述べる。「地域目線での課題共有」は、参加する地域の人と研究者の間のみならず、地域の人たちにとっても、それぞれが感じている課題と自然との結び付きを整理し、共有する機会になる（経験則5）。

　地域の活動として位置付けていくには、「みんなで1回やってみる」ことが効果的である（経験則6）。"調査"とは実際に何をしているのか、事業者や行政の方にはイメージが湧かないものである。そのような時、「地域の人に声がけしてマングローブ林にどのような生き物がいるのかを調べる調査を一緒にやってみることで、それを理解してもらえるようになる」と鎌田は言う。竹村さんは、河床高変化をモニタリングするための調査をふくらしゃや自然体験塾のスタッフと何回か一緒に行って、その調査の目的と具体の方法を共有した。その結果、そのスタッフが毎月1回程度、3年間にわたって調査を継続してくれるようになったのだという。竹村さんは、その調査で得られた結果を調査者や地域の人とウェブサイトで共有できる仕組みをつくって、その活動に応えた。

　「情報共有の仕組みとしてFacebookだとアップしやすいので続けてもらいやすい。河床に打ち込んだ塩ビ管にメジャーをあてて写真をとって、その画像をアップしてもらうだけでも干潟の変化がわかる。それをみんなが確認することもできる」、「月に一度とはいえ、地域の人も仕事終わりに調査に出かけてもらうのは大変なこと。協力してもらっているからこそ、それに対して少しでもこういうことがわかりました！　と定期的に調査結果をまとめて共有するようにしていた」、「調査に協力してもらっている人に、その調査がどう活きているのかがわかるようにグラフ化したり、写真に矢印を張り込んで堆積・侵食の状態

がわかるようにまとめたりしていた」と竹村さんは言う。このような簡便なツールで「日常でできるモニタリング」の仕組みをつくることが、地域との連携を進めるきっかけとなる(経験則7)。竹村さんは「詳細に調査できるに越したことはないが、簡単な方法で調査を続けることでいろいろわかってくる」と当時を振り返る。結果的に、3年間の調査で、河床変動の状態を把握することができ、論文にまとめることもできたという。

連帯感を生み出す

　「やっぱ最初はいかにコミュニケーションするかだから、その機会をどんだけつくるかが勝負。それを大事にしてました」「昼間は仕事だから、普通に淡々と進めるんだけど。やっぱりなんていうんだろう、物事を進めるには熱く語って理解してもらうことが必要で、そのやる気スイッチは飲み会の場所でつけるみたいな」と、外間さんは飲み会の重要性を繰り返し語った。「飲んで語ると、つい熱っぽく喋ってしまう、そうすると地域の人たちが持ってるマングローブへの思いを、実はな、と聞かせてくれる。研究者としてどういう思いを持って研究しているかが町の意思決定者たちに浸透していったのは重要だった」と、鎌田も飲み会の場での意思疎通が重要であったと振り返る。くだけて語り合える場があることが、お互いの本音を知り合って、距離を縮めていくことにつながる。地域の人たちと連帯感を作り出していくためには、そのような場で「思いの共有」をすることが重要である(経験則8)。

　この「思いの共有」は重要だが、ただ楽しいだけの時間にするのではなく「意図のある飲み会」とすることも重要だと外間さんはいう(経験則9)。「楽しく飲めるうちはいいけどね、あんまり酔っぱらっちゃって喧嘩になってもね」「雰囲気づくりってのはいつも気にしています。人の組み合わせも気にしますね。始まる前に、今日は誰がどこに座るのかとか話しするんですよ。あと、"今日こんなことだからこんなことを話しておけよ"って、仲間内にポイントを伝えておいたりね」。このように、外間さんはよい距離感で関わり合えるようにするための、様々な工夫を重ねていた。

　「場所で雰囲気が変わるからね。居酒屋だったらこんな空気でこんな感じでとか、ありますよね。座る椅子とかでも変わるし、距離でも違うし、すべて環境

人のネットワークを広げて協働を創出していくための経験則

によって違うから。よく地域懇談会とかでやる手法として、鍋炊きってあるじゃないですか。あれってとってもいいですよね。火の周りに、丸く席をつくったり」。このように外間さんは「ふさわしい場所選び」を重視し、その日つくりたい雰囲気に合わせて場所を選んでもいる（経験則10）。

　飲み会中での工夫について外間さんに尋ねたところ、「（やるべきことは）そのときで変わるよね。悩んでいる人もいるし、その場その場でその人の表情を見たりして、なんかあるなと思ったら近くに呼ぶし」と話す。「でもただの気遣いじゃない、こんなの」と外間さんは言うが、できるだけみんなが心地よく過ごせるように「臨機応変な橋渡し」を行っていることがわかる（経験則11）。

　活動を展開している中で、ある人と一緒に取り組みたい場面が訪れることがある。しかし、そのタイミングになって急に声がけしても、何を求めているのか理解してもらえない可能性がある。そのため、いつか声がけをして一緒に取り組むことになると思われる人には早いうちから情報を共有したり、飲み会の場にお招きしたりすることで「関係構築の先回り」をしておくのだと外間さんは言う（経験則12）。時間をかけて関係性を築いておくことで、必要なタイミングで一緒に取り組みを始められるようになり、自然な形で広がりをつくっていくことができる。

　様々なステークホルダーが関わり合って活動していると、ちょっとした行き違いは必ず生まれてしまうものである。「やっぱりね、全部"対人"なんで、背景の色々を理解しないままやってるとだめですね」という外間さんは、何かズレが生まれていると感じた時、まずは各所に連絡をとって話を聞き、ズレのポイントを把握するのだという。そのうえで「こういう背景でこういう意味で言っているみたいですよと情報を伝え直すと、あ〜そうなんですね、わかりましたってなったりする」のだという。口頭で話してもイメージが共有できなかったり、ズレが解消されかったりする時には、「ここで説明しててもなかなか伝わらんから、そういう時は現場に一緒に行きましょうと、それが一番早いんで」と、現場に足を運んで、同じものを見ながら話をすることを大切にしているとのことであった。お互いにわかりやすい形で伝え直すことで「小さなズレの解消」を行い、丁寧に目線を合わせることで共通認識を持ったり揉め事に発展したりしないようにしている（経験則13）。

行政につなぐための下地

「調査結果を踏まえ、実際に保全施策を講じていくためには、行政との関わりがなければ難しい」「町に動いてもらえるよう個人的にお願いしても行政は動き出しにくい、といった理由から連絡協議会をつくることになった」、「連絡協議会ができたおかげで町や県の主要なステークホルダーに声をかけて、対話をしたり、データを提供してもらったりできるようになった」と鎌田は言う。このように、「まちにひらかれた組織体」をつくることで活動の幅をさらに広げていくことができる（経験則14）。

「これだけやってきているということが伝わるように、今までの経緯を全部まとめているんですよね。年ごとに」「そういったことってなかなかできないじゃないですか、日々忙しいし。でもそうやってまとめてないと、新しい参加者には何してたか分からないんですよね」と鎌田は語る。新たなステークホルダーに協働の提案をするうえで、活動のきっかけやその後のプロセスをまとめて話をすること、すなわち「活動履歴の可視化」は、その取り組みへの熱量を示すことにつながる（経験則15）。

事業者や行政の方とマングローブの実生が生育できる場所づくりを行ったことも印象的だったと丹羽さんは振り返る。「それまでは会議がメインだったのだけど、地域の人、役場の人、研究者のみんなで土掘ったんですよ。一緒に作業することでより連帯感が生まれた。情報共有はもちろん大事なんだけど、ずっとそれを続けていても求心力を失っていく。そういう活動をすると、作業を通じて関係が深まるんですよね」と、「連帯感を生む共同作業」の重要性が強調された（経験則16）。

金武町では、民間から始まった活動を行政と接続していくために「まちにひらかれた組織体」としての連絡協議会をつくり、地域の事業者と研究者らで運営をしていた。その背景には、「ここまではやってきたけれど、ここからは行政でなければできないのでお願いしますという形で伝えないと、何がハードルなのか、どの部分をどのようにやって欲しいのかが伝わらない」「丸投げしても逆に進まなくなってしまうことが多い」という経験があったからだと鎌田はいう。こうした態度は、町から県に提案する時にも同様である。神田さんと前田さんはマングローブ林の再生事業について県に相談に行った際のことを振り返り、

人のネットワークを広げて協働を創出していくための経験則

「町としてどんなことやってるんですか」「前提になる取り組みはどのようなものですか」といった反応が県の担当者から返ってきた。そのため、まずは総合計画の中でマングローブ林の活用と保全を行っていくことを町の基本方針として示し、それをもとに県との調整を進めることにしたのだという。これを行うことで「県との調整もしやすくなった。町としての姿勢をちゃんと示したことは大きい」と言う。このように、「形にしてからの提案」が行政との連携を進めるうえで重要となる（経験則17）。

行政の文脈に位置づける

　地域の中で活動が継続していくためには、町の取り組みとして行政施策に位置付けられることが重要だ。そのためにも町の総合政策を読んで、「まちの方向性」を知っておく必要があると鎌田は言う（経験則18）。「総合計画とか読んでないとあかん。町が何をしようとしてるのか、町の意識がどの辺にあるのかっていうのは、総合計画を読めば知ることができる。読んでみて紋切型のどこの町にでも書いてあるようなことと同じことしか書いてなかったら、それぐらいの意識の町かってことになる」「金武町の場合はマングローブを核にした観光を町の基幹産業の一つにするんだと書かれていたので、そこに結びつけて提案をしていくことが重要だと思った」とのことであった。

　そして、「自然の話だから環境課での対応に、というのは良くない」「観光資源として持続させるために保全が必要やってことなのであれば、観光課に知ってもらう必要がある」「基礎自治体の場合は、企画課と連携できるかどうかってすごい重要。特に自然環境に関わる問題は、いろんなことに関係づけられる性質のものだから、本来町の政策のアンブレラ的なところに位置づけられるべきで、それができるかできないかで全然違う」と言う。「まちの資源としての自然の保全」であるという意識を共有していくためにも、資源管理を担うに相応しい部署が統括するよう提案をしていくことが重要である（経験則19）。

　連絡協議会や飲み会での議論をとおして、町の施策としてマングローブの保全・活用を行っていくとなった際には、「バトンタッチの場づくり」が行われた（経験則20）。「企画したシンポジウムの最初に、町長が、これからは町が協議会を動かしますと宣言をしてくださった。これがバトンタッチの場になった」と鎌

田は言う。すなわち、一般の人も参加する公の場で町長が発言する機会をつくることが、役場の職員に町として取り組むのだとの意識づけを行うことにつながった。

活動が自律的に続けられる

　自ら旗を挙げて活動を行ってきた人たちから行政主導の取り組みに移り変わった際には、行政の担当となった人が自然保全に馴染みがなく、熱意を持ちづらいということも起こりうる。その際には、「やる気が生まれる目線合わせ」が必要になると外間さんはいう（経験則21）。「施策が動くかどうかはやっぱり担当で決まるわけだから、その人にやる気を出してもらわないと進まなくなる。なので、まず理解してもらって、やる気スイッチを入れてもらえるように、どういう思いでこれまでやってきたかを伝えたりします」と外間さん。「担当職員と、頑張っている他の地域に一緒に視察に行って、その町のやる気のある担当職員と話してもらう機会をつくったりもします。担当の人の考え方が変わると全部変わってくるから」と、色々な形で目線を合わせていくことが重要になると言う。

　役場職員である神田さんと前田さんからは、「文脈の引き継ぎ」も重要であるとの話が聞かれた（経験則22）。制度上、行政は数年で担当が入れ替わってしまう。しかし、自然の保全に関することは時間軸の長い取り組みとなるため、人が入れ替わっても活動が引き継がれるようにしているという。神田さんは「これさえあれば20年後も何でこうなったのかを伝えられるという状態にするために、集まった資料を全部ストックしていた」と言う。実際、神田さんの後任である前田さんは、どういう文脈からこの決定が行われているのかが分からなくなった時に、そのストックされた資料に当たることで状況が把握できたという。

　「億首川周辺マングローブ保全再生・活用基本計画」のような中長期的な基本計画をつくり、それを町の総合計画に組み込んでおくことも、中途で取り組みが頓挫してしまわないようにするためにも重要である。そのため、鎌田は「町として短期的、中期的、長期的にどのようなプロセスを経てマングローブ林の再生・保全を行っていくのか、その方針をちゃんとまとめておきましょうと提案した」とのことであった。そうした「軸となる文書」があることで、人が変

わっても、世代が変わっても、重要な目的と活動が維持されていくことになる（経験則23）。

協働を促進するためのコミュニケーション技術

　金武町で展開された協働の創出から行政施策への落とし込みに至るプロセスでは、それぞれの段階において異なったコミュニケーション技術が駆使され、実践が連鎖的に生み出されてきていた（表1）。「研究者が地域と関わりをつくっていくプロセス」では、他所者としての研究者が「思いを持つ人とのつながり」をつくりながら「生態的課題のシミュレーション」を行い地域と共有することで、地域の自然資本としてのマングローブ林の価値と、それが失われる可能性があることに気づきを与えることにつなげていた。桑子（2006）は、合意を形成していくうえで、「地域に暮らす人々がどのような構造や履歴を持つ空間で暮らしてきたか、地域環境にどのような注意を向けてきたか、あるいは地域環境をどのようなものとして理解していたかを十分に把握したうえで説明を構築する」必要があると述べる。加えて、「空間の構造と履歴、そしてそれが人間にとってもつ意味は、その空間に生活している人だけではわからない。そこを訪れる外部の人の視点から捉えられた情報とつきあわせていかなければ、空間に関する情報も理解できない」と、他所者の役割の重要性について指摘している。

　金武町において他所者である研究者は、「地域の人が学び合う」機会をつくるために「一堂に会するシンポジウム」や「地域目線での課題共有」を行うWSを実施し、そこでの相互交流をとおして、地域が必要とすることが見出していった。そして「みんなで1回やってみる」ことで「日常でできるモニタリング」を構築し、新たなコミュニケーションツールとして提供していた。

　一方、地域内で活動を作り出してきていた人は、他所者としての研究者と地域内のステークホルダーとの「連帯感を生み出す」ために飲み会などを設定することで、「思いの共有」を図ってきていた。ただし、単に飲むだけではだめで、「意図のある飲み会」にすることが大事だと釘をさす。また、次のステップで関わりが必要となる人をそうした飲み会に誘って「関係構築の先回り」をしておくことや、現場等で話をしながら「小さなズレの解消」をすることで、無

用な対立をさけながらスムーズに実践を生み出してきていた。

　こうした実践が継続されたことで「行政につなぐための下地」として、「まちに開かれた組織体」としての連絡協議会をつくることが可能となり、そこに行政が招き入れられた。そして、一緒に活動しながら具体的に何をすればよいのか、何ができるのかをわかってもらう手続きを踏むことで、行政に理解されて「行政の文書に位置づける」ことが可能となった。以降、「活動が自律的に続けられる」仕組みが、行政によって構築されていくことになる。

　相川（2018）は、「生物多様性の保全と持続可能な利用の実現という現実問題への対応が迫られるようになった生態学分野」では、「応用科学もしくは実学的な役割が期待されるようになった」とし、生態学者がコミュニケーション能力を高めながら、"生活世界"におけるコミュニケーションの回路を豊かにしていくことが必要だと述べる。そして、現場での実務をこなしていけるマネジメントスキルやコミュニケーション技術を持つ"ecologist"を養成するための教育システムを構築することが必要だと提言している。金武町での協働活動から見出された経験則は、こうした需要に応えることができる。

謝辞

本章をまとめるにあたって、まずは、仲間一町長、外間慎仁さん（ふくらしゃや自然体験塾）、ふくらしゃや自然体験塾のスタッフの皆さんを始めとして、いつも暖かく迎え入れてくださる金武町の皆さまに心からお礼申し上げる。仲間町長や外間さんには「ゆんたく」の場にもお招きいただき、金武町の皆さまと「思いを共有」する機会を与えていただいた。また、インタビューにも快く対応してくださった。お二人に加え、竹村紫苑さん（徳島大学、現・水産研究教育機構水産資源研究所）、丹羽英之さん（京都先端科学大学）、神田康秀さん（金武町企画課）、前田馨耶さん（金武町企画課）にもインタビューに応じてもらった。本文中では深くとりあげられなかった、赤松良久さん（山口大学教授）、神谷大介さん（琉球大学准教授）、宮良工さん（株式会社沖縄環境地域コンサルタント）からも活動の過程で多大な協力をいただいてきた。皆さまに深く感謝いたします。

脚注

1）ふるさとチョイス, 沖縄本島唯一4種類のマングローブが自生する億首川の風景を守りたい！ https://www.furusato-tax.jp/gcf/2237, 2024年12月11日確認.

引用文献

相川高信（2018）生態学コミュニティにおける他者の出現とコミュニケーション問題の顕在化：特集を終えるにあたって. 日本生態学会誌, 68: 233-240.

今井洋太・竹村紫苑・高里尚正・乾隆帝・赤松良久・鎌田磨人（2016）協働モニタリングによる沖縄本島億首川ダム直下マングローブ林の河床変動特性の把握. 土木学会論文集B1（水工学）, 72: I_1093-I_1098.

乾隆帝・竹村紫苑（2016）億首川の自然ハンドブック，1汽水域・マングローブ林内のハゼ類．金武町教育委員会，沖縄．

金武町（2016）地方版総合戦略―金武町版．金武町役場．http://www.town.kin.okinawa.jp/material/files/group/3/senryaku.pdf，2025年12月16日確認．

金武町（2021）第5次金武町総合計画［後期基本計画］．金武町役場．https://www.town.kin.okinawa.jp/material/files/group/3/sougoukeikaku5kouki.pdf，2025年12月16日確認．

金武町（2022）億首川周辺マングローブ保全再生・活用基本計画．https://www.town.kin.okinawa.jp/material/files/group/3/mannguroguki honkeikaku.pdf，2025年12月16日確認．

桑子敏雄（2006）感性哲学とコミュニケーション．人工知能学会誌，21: 177-182．

丹羽英之・竹村紫苑・今井洋太・鎌田磨人（2019）林床のオルソモザイク画像とDSMの簡便な取得方法：マングローブ林を例に．応用生態工学，21: 191-202．

Niwa H, Imai Y, Kamada M (2021) The effectiveness of a method that uses stabilized cameras and photpgrammetry to survey the size and distribution of individual trees in a mangrove forest. *Journal of Forest Research*, 26: 1-7.

丹羽英之・今井洋太・鎌田磨人（2021）複数河川の比較によるマングローブ林の衰退度評価．応用生態工学，23: 395-404．

Niwa H, Ise H, Kamada M (2023) Suitable LiDAR platform for measuring the 3D structure of mangrove forest. *Remote Sensing*, 15: 1033.

竹村紫苑・乾隆帝（2016）億首川の自然ハンドブック，2 汽水域・マングローブ林内のカニ類．金武町教育委員会，沖縄．

竹村紫苑・赤松良久・鎌田磨人（2012）沖縄本島億首川における出水時の河床変動に着目したマングローブ林の生育地評価．土木学会論文集B1（水工学），68: I_1615-1620．

竹村紫苑・今井洋太・鎌田磨人（2023）市民参加型モニタリングを支えるデータベースの構造と機能―沖縄本島におけるマングローブ林の保全活動から．システム制御/情報，67:147-152．

上江洲薫（2010a）沖縄のコミュニティ・ビジネスと観光振興．大塚昌利（編）地域の諸相，116-126，古今書院，東京．

上江洲薫（2010b）沖縄県金武町・東村におけるエコツーリズムによるコミュニティ・ビジネスの展開と波及効果．沖縄国際大学経済論集，6: 143–156．

第9章
生物多様性地域戦略のつくり方
——合意形成プロセスのデザイン
【徳島県】

鎌田安里紗・鎌田磨人

生物多様性とくしま会議

　徳島県では複数の市民団体と研究者によって自発的に組織された「生物多様性とくしま会議（以下、とくしま会議）」が、徳島が持つ生物多様性に関わる課題や目指すべき方向性を抽出し、「徳島県での生物多様性地域戦略策定に向けての提案」をつくって県知事に手渡した。さらにタウンミーティングの開催を始めとして、様々な局面で行政に協力しながら「生物多様性とくしま戦略（以下、とくしま戦略）」の策定に貢献してきた（鎌田 2013）。市民団体によるこうした活動の背景には、徳島県行政の人員や予算が限られているため、市民団体の自主的な取り組みなしには、生物多様性地域戦略（以下、地域戦略）の策定は進展しないとの認識があった（鎌田 2012）。戦略が策定された以降も、とくしま会議は人材育成プログラムを自律的に構築・実施しており、戦略の遂行を支援してきている。

　市民団体が民意をまとめる集団として機能しつつ、地域戦略づくりをツールとして市民や事業者がともに成長していけるようにし、そして、策定後にも市民団体が自律的な関わりを保てるようにためには、そのプロセスをどのようにマネジメントしていけばよいのだろうか。本章の目的は、これらへの答えを徳島で繰り広げられてきた活動の中に探し、そして、それぞれの地域で様々な人が関わりながら地域戦略を創り、動かしていくためのプロセスをデザインしていくうえでのヒントとして経験則（第3章参照）を提供することである。

　著者の一人である鎌田磨人（以降、鎌田）は、大学研究者および活動のスケジュール調整や資金の調達・管理を担うNPO徳島保全生物学研究会のメンバーとしてとくしま会議に参加し、共同議長として市民団体間の合意形成を図りながら

これまで活動を牽引してきた。本章は、とくしま会議による活動の展開について、鎌田安里紗が、とくしま会議の発足から現在に至るまでのプロセスを把握している鎌田にインタビューを行い、また、鎌田とともに文献や議事録を確認して、とりまとめた。そして、合意形成を進めていくうえでの実践の技術を21の経験則として描き出していく（表1）。

協働の始まり──協力しあえるつながりをつくる

とくしま会議発足のきっかけ

図1.「生物多様性とくしま会議」発足のきっかけとなったシンポジウム

　とくしま会議は、「地域戦略の策定に関しての提言を行い、策定後の推進を担い、相互評価をしつつ戦略を見直し、より発展的展開を目指すこと」を目的とする、市民団体の自主的な発意・行動によって形成されたネットワーク組織である。2010年2月20日に徳島市で開催された「COP10プレイベント生物多様性シンポジウム in 徳島・香川」（図1）での議論がきっかけとなって創出された。翌年度に生物多様性条約第10回締約国会議（COP10）を控えて、各地域で生物多様性に関する啓発活動を実施するという環境省の動きに呼応して開催されたこのシンポジウムで、市民団体が「徳島県は戦略をつくろうとしているのか、つくらなきゃダメじゃないか」と県の担当課長に詰め寄る場面があった。けれども、その場で地域戦略をつくるかつくらないかを、討議の壇上にあがった課長

表1. とくしま会議の協働を動かしていくための経験則

協働の段階		経験則	
Ⅰ. 協働の始まり： 協力しあえるつながりを つくる	活動の立ち上げ	1	旗を掲げる
		2	話し合いの窓口
	メンバー間の足並みを揃える	3	違いの相互理解
		4	進め方の目線合わせ
Ⅱ. 協働の展開： 議論を深めながら市民・ コミュニティの力を育む	視点を持ち寄る	5	声を引き出す工夫
		6	納得感のある対話
		7	意見の全体像
	共通認識をつくる	8	一体感を生むビジョン
		9	市民目線の課題
	知見を集める	10	行政プロセスの理解
		11	基盤づくりの勉強会
		12	専門家との普段付き合い
	協働のあり方を示す	13	つくり方の提案
		14	協力関係を示す
	活躍の機会をつくる	15	担い手にまわる機会
		16	地域にひらくタウンミーティング
Ⅲ. 協働の継続： 継続的に活動が続く仕組 みをつくる	円滑な運営の支え	17	専門家の手助け
		18	後押しとなる予算補給
	先回りしたアクション	19	象徴的なシーン
		20	先行投資としての実例づくり
		21	行政事業への組み込み

が明言できるわけがないのは明らかだった。そのため、鎌田は、「県の意思決定を待つのではなく、先に市民でつくって提案したほうが早いのではないか」との意見を市民に投げかけた。「その言葉に焚きつけられ、ぜひそういう活動をしましょう」と賛同の意を示したのが、市民団体のリーダー的存在であった新開善二氏だった（公益財団法人日本自然保護協会 2012）。「組織が個々に活動している場合ではない。連携しなくてはとの思いを誰もが持っていた」ことが、ネットワーク組織創出に至る背景にあったとも、新開氏は述べている（公益財団法人日本自然保護協会 2012）。その後、新開氏が元営業マンであったというスキルを活かして、県内のすべての環境活動団体に声がけしてまわった結果、2010年4月16日に意見

交換会が行われ、5月27日の設立準備会を経て、6月24日に18団体と研究者によってとくしま会議が設立された（現在は20団体）。「とくしま会議の発足は、新開氏の営業力なしではなかった」と、鎌田は考えている。

　偶然にも発生したそのような状況を他地域で意図的に生み出していくためには、「自分でやるという覚悟を決め、その人が動き出すことがとても大事。行政に預けるのではなくて、自分で責任を引き受けて、覚悟を持って活動することを宣言することが必要」だと、鎌田は振り返る。ただ要望する者として振る舞うのではなく、「旗を掲げる」ことで自分自身が活動の一翼を担う意志を持つことが重要なのだ（経験則1）。

「話し合いの窓口」としての生物多様性とくしま会議

　現場で活動している市民は、課題解決のための活動をするうえでの課題をそれぞれに抱えている。そうした課題を解決するための施策立案や活動支援を市民団体が個別に行政に申し入れると、行政は対応できない。そのことで行政が市民団体からの怒りや反感を買い、それがまた行政に投げかけられるという悪循環に陥る。そこから脱却するために、とくしま会議の運営にあたっては、地域戦略をつくろうと集まってきた市民団体が連携して目標や課題を集約し、「話し合いの窓口」となって、行政と連携して課題解決に取り組んでいける仕組みにしていくことが強く意識されていた（経験則2; 図2）。

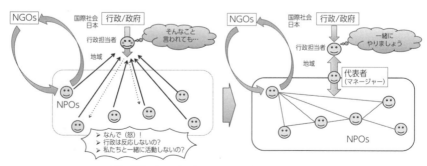

図2. 「話し合いの窓口」としての生物多様性とくしま会議

「メンバー間の足並みを揃える」ためのワークショップ

　「市民の力で地域戦略の提案を」との思いがきっかけとなって形成されたとくしま会議ではあるが、構成団体の活動目的や活動内容はそれぞれに異なっており、足並みが揃っているわけではなかった。「どの団体も環境を守りたいという気持ちを持っていて、見ている方向性は似ているようであっても、取り組んでいる対象も考え方も違っていた」と鎌田は振り返る。そのため、1回目（2010年7月23日）のワークショップ（以下、WS）で、以降のWSの進め方について合意形成を行ったうえで、2回目（2010年9月2日）のWSでは構成団体それぞれが考えている生物多様性の課題について整理を行った。また、2010年9月25日には、とくしま会議の構成団体それぞれが何をやっているのかを内部・外部に向けて発信し、情報を共有するための活動展示「とくしまの自然と生きもの遍路」が実施された。このように、共に活動する市民間の「違いの相互理解」を得るために、最初の3ヶ月はそれぞれの団体が何を大事にしているのかを共有し、団体間の立ち位置の違いを相互理解するためのWSや活動が続けられた（経験則3）。

　これらは各団体の意見や方針を見える化し、団体間の相違点や共通点を確認しあい、共有可能な大きな目標を創りだし、そして、信頼に基づいた協働を生み出すためのプロセスであった。同時に、「進め方の目線合わせ」を丁寧に行うことで、何をどのようにやっていくのかを明確にし、合意を得ることで、参加者の"やらされている感"をなくし、一体感を持って進めていくことができるようにするための準備過程でもあった（経験則4）。

協働の展開──議論を深めながら市民・コミュニティの力を育む

戦略のつくり方に関する市民提案──視点を持ち寄る

　2011年4月、とくしま会議は「徳島県での生物多様性地域戦略策定に向けての提案[1]」（以下、提案書）をとりまとめ、2011年6月9日に知事に手渡した（図3）。これは、とくしま会議構成員の総意として表出され、次の活動を方向づけるこ

ととなったという意味で、とくしま会議としての活動における最初の成果として位置づけられる出来事だった。

図3. 生物多様性とくしま会議による「徳島県での生物多様性地域戦略策定に向けての提案」

　提案書をまとめるための議論はWSをとおして行われ、合議制での意思決定が徹底され、声の小さな人や、自身の意見を言葉にすることに苦手意識がある人、言語化のスピードが異なる人が集まる中でも誰かに偏ることがないよう「声を引き出す工夫」をこらしながら（経験則5）、「納得感のある対話」を重ねられるよう運営された（経験則6）。具体的には、WSはポストイットを用いて進められ、声の大きい人だけの意見に偏らないよう、一言だけでもポストイットに書いて貼り出してもらい、それを入り口にWS進行の調整役としてのファシリテータが質問を重ねることで意見が抽出された。そして、議論がどこまで進んだのかを共有したうえで毎回のWSを終えられるよう、全員が見ている中でポストイットを動かし、よく似た意見をまとめることで「意見の全体像」を見通せるようにされた（経験則7; 図4）。

　WSは、50年先にどういう地域になっていて欲しいかを語り合い、「一体感を生むビジョン」をつくることから始められた（経験則8）。ビジョンは、参加している団体が同じ方向を向くために大きな役割を果たす。一方で、地域戦略づくりに市民が関わることの大きな意義は、「市民目線の課題」を浮き彫りにして行政に示すことである（経験則9）。この提案書の作成にあたって、第4回WS（2010年10月7日）で作業部会を設置することとその運営方法について意見交換が行われ、

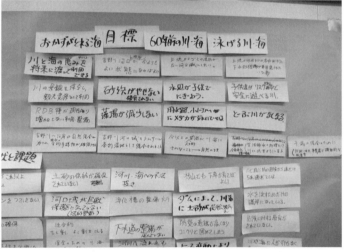

図4. とくしま会議による提案書作成のためのワークショップ

第5回WS（2010年11月4日）で「川・海」、「都市・里地」、「奥山・里山」の3部会を設けて個々に検討を進めることが合意された。その後、11月から3月の間に3つの部会によって実施した延べ9回のWSをとおして提案書の内容が検討され、確定されてきた。これらWSの運営過程では、「実現したいことをただ言うだけではなくて、どういう課題・問題があるからそれをやらなければならないのかがわかるように提案書を仕上げていくこと」が各WGで共有されるよう心がけられた。

　一方、2010年5月に徳島県が開催した「生物多様性シンポジウム」で、徳島

県知事が地域戦略の策定を表明していた。このため、県の行政担当者が戦略の策定方針を決定するまでに提案書を作成する必要があることが事務局から示され、2012年4月までに提案書を仕上げることが申し合わされた。戦略の策定過程に提案が活かされるようにするためには、行政の意思決定のステップや時期など「行政プロセスの理解」は不可欠な事項である（経験則10）。あわせて「行政と一緒にやることを提案するために、関係する法律・条例、政策はどのようなもので、それを担う部署はどこなのか、その部署はどのような委員会を持っているのかなどについて下調べしよう」との提案も行われ、必要な知識を得るための「基盤づくりの勉強会」が開催されもした（経験則11）。勉強会の開催は、メンバー間の共通認識を育むだけでなく、行政の委員会の意思決定の場にいる研究者等を講師に招くことで、「専門家との普段付き合い」を生み出すきっかけにもなる（経験則12）。

　このようにして作成・提出された提案書では、地域戦略の作成方針についての提案と、地域戦略の目標・ビジョンについての提案がなされた。作成方針については、1）戦略の検討に入る前に手順を明確にすること、2）様々な主体の参画を促進しつつ地域特性を踏まえた検討をすること、3）専門家による検討との有機的な連携を図ること、の3点が提案された。中でも特徴的であったのは、「戦略策定の方針、進め方、体制、手順などを示し、双方向コミュニケーションを心がけること」や、「住民に話を聞くためにタウンミーティング（以下、TM）を行うことが必要であること」など、戦略の中身そのものだけでなく、市民参画に基づく戦略づくりのプロセスのあり方が盛り込まれたことである。そうした「つくり方の提案」によって、戦略を策定していくうえでの目線を、行政と市民団体とで合わせられるようにしたのだ（経験則13）。

　同時に、要望書ではなく提案書にしたことに意味があったと鎌田は言う。「要望となると、できていないことへの不満・批判や、こうすべきだという行政への投げかけだけになってしまい、それは対立につながりかねない。対立ではなく一緒にやっていける仕組みを提案するとともに、提案する市民側も覚悟を持って、一緒にやっていくことを提案書の中で宣言してもらおうとした」とのことである。行政との「協力関係を示す」ことはとても重要だ（経験則14）。

戦略策定のための組織の公的フレームワーク

　地域戦略の策定は、2011年8月に、知事が地域戦略の策定のあり方について徳島県環境審議会に諮問したことによりスタートした。実質的な検討は、自然環境部会内に設置された「徳島県生物多様性地域戦略検討小委員会（以下、小委員会）」で行うこととされ、小委員会では審議会の外から研究者・専門家を招くことができる仕組みが設けられた。これにより、審議会には含まれない研究者や、とくしま会議の代表が招聴され、とくしま会議によって提案された「市民団体と専門家との有機的な連携」が図られるようになった（鎌田 2013; 図5）。

　とくしま会議による提案には、「徳島県は、住民・関係者等と双方向コミュニケーションを促進する役割を果たすこと」を期待する旨が盛り込まれていた。これを受ける形で、小委員会は、とくしま会議の代表者および庁内部局・課の担当者を集めた「生物多様性とくしま戦略策定連絡会議」を開催するよう自然環境課に申し入れた。連絡会議は1回限りにとどまりはしたが、2012年2月24日に開催され、小委員会委員の他、とくしま会議の代表および3部会の部会長、県庁内40課の担当者が集まり、意見交換が行われた。このようにして、とくし

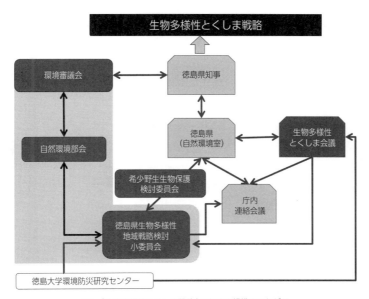

図5.「生物多様性とくしま戦略」のための組織のつながり

ま会議と研究者、行政との連携のフレームワークが公的につくられた。

タウンミーティングの実施

　提案書の策定過程のWSで、「とくしま会議内で出ている意見は県民のごく一部にすぎない。もっと広く声を聞く機会として、TMを県内各地で開くよう提案するべきだ」、「TMの運営については、とくしま会議が積極的に支援していく」との意見が出され、これが提案書に盛り込まれた。そして、実際にとくしま会議の協力のもとで、TMが実施された。これが、とくしま会議の2つ目の成果である。

　TMは、2011年8月から10月の間に、県内9地域で10回開催された（図6）。延べ326名の県民を集めて、1）保全・利活用していきたい生きもの・場所・生活の知恵、2）保全・利活用するうえでの課題、に関する計5,331の意見を抽出した。開催場所の決定、開催要領の作成、参加の呼びかけ、当日のWS運営に至る基本的な事項は、ほぼすべてがとくしま会議によって担われた。徳島県はTMを実施する予算を持っていなかったため、その資金は、とくしま会議の構成団体の一つであるNPO徳島保全生物学研究会が「市民協働による生物多様性地域戦略策定に向けたタウンミーティング活動」として環境再生保全機構から獲得した地球環境基金助成金（215万円）、自然環境課が「地域生物多様性保全活動支援事業」として環境省から獲得した助成金（2011～2012年度、総額655万円のうち70万円

図6. タウンミーティングへの参加をよびかけるフライヤー

図7. とくしま会議メンバーによって運営されたタウンミーティング

程度）、徳島大学の学長裁量経費（総額150万円のうち50万円程度）によってまかなわれた（鎌田 2012）。

　TMは、自らが意見を述べる立場として毎月のとくしま会議WSに参加し、WSの実施方法を学んできたメンバーによって運営された（図7）。運営に携わったメンバーとのTM終了後の意見交換会で、「TMを実施しながら様々な技術と工夫が必要であることを実感した、もっと細かな技術を学んでおくべきだった」、「TM実施前よりも、もっと大きな責任を感じるようになった」などの感想が聞かれた。とくしま会議の共同議長であった新開氏も、「WSの参加者それ

それが、その方法までも学ぶことができた。TMでは学んだことを生かして、メンバーがファシリテータをつとめた」と述べている（公益財団法人日本自然保護協会 2012）。このことは、協働による地域戦略づくりやTM運営自体がツールとなって人のつながりを深め、また、意識とスキルの向上を促す結果となったことを表している。とくしま会議をプラットフォームとする地域戦略づくりには、それに参画するプロセスで各々が能力を開発し、その力を発揮してゆける仕組みが内在していたといえる。そして、TM運営のような「担い手にまわる機会」を設けることで、市民一人一人の力が引き出される。参加した人が活躍できる場をいかにつくるか、受け皿をどのようにつくるかを考えておくことは、とても大事なことだ（経験則15）。

「地域にひらくタウンミーティング」を行っていくことの意味について、鎌田は「自分たちの中に閉じずに、ひらかれた機会をつくることは、意見を聞く場としての大事さに加えて、地域戦略をつくろうとしていることを広報・啓発する場としても大事だった」と位置づける（経験則16）。

TMでの5,331の意見は、鎌田の研究室の学生が卒業論文研究の一環としてとりまとめ、とくしま会議に還元された。そして、とくしま会議を通じて、小委員会にインプットされた（図8）。小委員会では、TMの結果も参照しつつ徳島県内の生物多様性や生態系の現状と課題がまとめられ、また、市民団体の意見も踏まえ、地域戦略の目標・ビジョンや行動計画が検討され、素案が作成された。

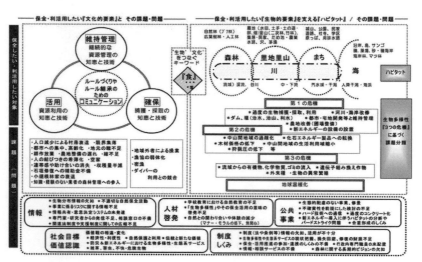

図8. 小委員会にインプットされたタウンミーティング意見のまとめ

そして、素案は環境審議会自然環境部会で検討された後に、パブリックコメントを経て知事に答申された。その後、とくしま戦略は2013年10月に公表された。

継続的に活動が続く仕組みをつくる

円滑な運営の支え ── 専門家の手助け

　とくしま会議では、ネットワークを作り上げるための営業、全体のプロデュース、リーダーとしての舵取り、スケジュール管理、WSのファシリテーション、提案書の仕上げ、報告書のまとめ、予算取りのための申請書作成といった場面で、高い技術力を持つ"専門家"が活躍していた。鎌田は、「戦略提案を進めていくうえで、技術を持っている人を外から呼んでくることも必要。たとえばWSを運営する時に、どういう場面でどういうふうに切り出すのかとか、場を和ませるのかとかの技術が重要。それを見よう見まねでやるよりは、高いファシリテート技術を持っている人にやってもらうことが安全だと思うので、知り合いのプロの方に来てもらった」と言う。「僕はリーダーとしての役割を果たしているけれど、そうした役割を果たせる人がグループにいない場合は、そうした人を外から呼んでくることも必要だろう」とも話す。専門家をネットワークの中に招き入れ、「専門家の手助け」を得られるようにしていくことが重要である（経験則17）。

　さらに、こういった自発的な活動の流れを止めないためには「後押しとなる予算補給」も重要だ、と鎌田は話す。とくしま会議では、TMを行うべきであると提案書に書き込んだ後、すぐにTMを実施する予算確保のための申請書が書き始められていた。「リーダーの役割は火をつけて動かし始めることと、動き始めたら次に何をやるのかを考えておいて、その段階がきたらにすぐに動けるように準備をしておくこと」だという。また、「予算を獲得することは、提案したメンバーが改めて責任を感じ、積極的に取り組むことを後押しすることにもなる」（経験則18）。とくしま会議でこうした資金の獲得が可能であったのは、事務局を担ったNPO徳島保全生物学研究会の中に、申請書を書くスキルを持った

人がいたからであった。活動を展開するうえで、予算申請書を書くスキルを持つ人の存在も重要だ。

先回りしたアクション

さらに鎌田は「提案書を行政に提出する際には行政内でのトップダウンも意識して、知事に提案書を受け取ってもらう場をつくれるよう、とくしま会議のメンバーがお膳立てした」とし、「そうすることでマスコミに周知しやすかったり、行政内で担当者が異動してもその事実が残っていることで一つの推進要因になり得たりする」と、いう。このような「象徴的なシーン」をつくっておくことも重要である（経験則19；図9）。

図9. 知事に手渡しされた「徳島県での生物多様性地域戦略策定に向けての提案」

提案後には、提案したことを行政が行うのを待つだけではなく、自分たちが形にできることは先んじて実践し「具体的にはこういうこと」という実例を持ち込むことも効果的だ。提案書の中で人材育成の仕組みづくりを提案していたとくしま会議は、まずはそれを自分たちで形にして行政に提示できるよう試行した。その試行結果を行政に持ち込んだことで、後述する「勝浦川流域フィールド講座」が徳島県によって事業化された。「先行投資としての実例づくり」が物事を前に進めるために重要であることがわかる（経験則20）。

また、戦略策定後に行政と連携して戦略を実行していくうえでは「行政事業への組み込み」が求められる。「担当者の異動によって活動が頓挫してしまわないように、常に新しい行政担当者に戦略をどうやってつくってきたかを伝える」ことはもちろんのこと、「市民団体の継続性を担保するための仕組みを、施策の中に埋め込んでおくことが重要」であるという。仕組みに組み込んでいくことで、人の入れ替わりや予算の枯渇など、活動が立ち行かなくなることを未然に防いでいくことにつながる（経験則21）。

戦略策定後の市民活動への接続

　とくしま会議の3つ目の成果は、市民団体と研究者によって「勝浦川流域フィールド講座（以下、フィールド講座）」が創出され、開催されるようになったことである。フィールド講座は、1回目（4月）のイントロダクションから最終回（10月）の振り返りWSまでの間に、自然林、人工林、里山、河川、里地、干潟などで活動している団体と研究者が、勝浦川流域のそれぞれの場で1回ずつ講義・実習を実施することで、計8回の連続講座を一般市民に提供してきているものである（図10）。そして、8回の連続講座のうち6回以上参加して、毎回の振り返り試験にパスした受講生が、「生物多様性リーダー」として県知事名で認定される。定員を20名程度として2014年から始まったフィールド講座は、2023年で10回目となっている。2022年までに162人が受講し、そのうち124人が「生物多様性リーダー」に認定されている。

　フィールド講座の創出・実施は、とくしま会議が知事に提出した提案書で、「生物多様性保全を推進する人材の育成」を地域戦略の行動計画に盛り込むべき事項の一つとして提案したことに基づく。この提案を検討するプロセスで、人材育成はとくしま会議で担っていけるようになることを目標に組み込み、「生物多様性とくしま戦略の実現に向けた人材育成と情報共有の仕組みづくり事業（内閣府新しい公共支援事業・新しい公共の場作りのためのモデル事業、2011～2012年度、520万円）」および「協働による生物多様性とくしま戦略の推進（環境再生機構・地球環境基金、2013～2015年度、330万円）」を獲得しながら、生物多様性保全を推進する人材を育成するためのプログラム開発（2011～2012年）、試行（2013年）、第1回（2014年）および第

図10. とくしま会議のメンバーが中心になって開催されてきている「勝浦川流域フィールド講座」のフライヤー(第10回)

2回(2015年)の実施を達成した。

　この間、2013年10月に公表されたとくしま戦略では、「生物多様性リーダー育成プロジェクト」が重点プロジェクトの一つとして設定され、「生物多様性リーダーの育成・認証の仕組みを構築して、人材の育成を促進し、生物多様性とくしま戦略実行の担い手の増加を図る」ことが目標とされた。これを機に、県が求める生物多様性リーダーの育成を図る実力を持つ団体を認定し、その認定団体によって実施されているフィールド講座を修了した受講生に対して、県知事名でリーダー認定できる仕組みが、2014年に整えられた。とくしま会議はその認定団体となり、2015年以降は、県からの委託費(90万円)を使ってフィールド講座を運営することとなった。この仕組みは、現在も継続している。なお、生物多様性リーダーとして認定された修了生からなる「生物多様性リーダーチーム」が形成され、そこでは、講座の運営を学ぶことができるようになっている。近年では、そのチームによってフィールド講座の運営が担われるようになってもいる。

合意形成プロセスのデザインへの活用

　豊田（2017）は、合意形成プロセスを以下の三段階に区分し、それぞれの段階で合意形成マネジメントチームが留意すべき事項を示した。第一段階「アセスメントと話し合いの設計」では、「人びとの多様なインタレストの中に潜んでいる"対立（コンフリクト）の可能性"を把握し、表面下にある対立の回避、ならびに顕在している対立の解決に向けた話し合いを考えていく」ことが目指され、「話し合いの目的、テーマ、意見収集の方法について検討を行い、状況に応じた対話の場を設計する」。第二段階「話し合いの実践」では、「"共に考える意識"が高まるよう、ソシオペタルな空間レイアウトを考え」、「話し合いの進行（ファシリテーション）、意見の収集、記録など」を行いながら「その場で合意形成していく」。そして、第三段階「評価と合意内容の具体化」では、「合意形成のタイムラインを示しながら、連続する話し合いの場をマネジメントする」とともに、「話し合いのプロセスで見えてきた課題や合意形成の成果を踏まえて、テーマとプロセスを柔軟に再設計」し、「合意事項の具体化につなげる」。さらに宮永（2013）は、地域戦略を策定するうえで、「様々な主体の力を引き出すこと（エンパワメント）や能力開発を図ること」が組み込まれていることの必要性を論じている。また、日置（2022）は、自然再生の現場で協働の活動を分析し、それを進めていくうえでの必須要素として、熱意（思いを持つ人々が現れること）、組織と指導力（ステークホルダーの合意とシナリオを描きメガホンを持つ監督）、費用と労力、技術（専門家の実働部隊への取り込み）、時間（長時間にわたって継続する意思）などをあげている。本章では、これら事項をうまく進めるための経験知を、とくしま会議による協働プロセスから読み取って示してきた。

　協働による戦略策定のプロセスは、「合意のないスタート地点から初めて合意というゴール地点へ至る合意形成プロセスを円滑に進め、参加者が納得できる実りある成果（納得解）を得ることができる」ようにするプロセスでもある（桑子 2016）。それをうまく進めるためには、合意形成プロセスをデザインし（豊田 2020）、調整しながら管理運営する人やチームの技術力が非常に大きな要素となる（春田ほか 2013; 桑子 2016; 鎌田 2013、2022）。本章で読み解いたとくしま会議の協働プロセスに含まれる経験知が、様々な地域で戦略づくりを行っていくためのプロセス

デザインに活用されることを期待したい。

　本章は「鎌田安里紗・鎌田磨人・長井雅史・井庭崇（2024）生物多様性地域戦略を協働で策定するためのパターン・ランゲージ―合意形成のプロセスデザイン技術. 景観生態学, 29:73-91」として公表したものを再編して掲載した。この論文では経験知をパターン・ランゲージとしてとりまとめている。そのパターンの一部はこの書籍の第11章で活用されてもいる。ぜひ元論文も参照していただきたい。

脚注

1) 徳島保全生物学研究会, 徳島県での生物多様性地域戦略策定 に向けての提案. http://www.hozen-tokushima.org/casestudy/tokushima-kaigi/DL/2011teian.pdf, 2024年2月12日確認.

引用文献

日置佳之（2022）協働による自然再生.（日本景観生態学会 編）景観生態学, 175-179, 共立出版, 東京.

鎌田安里紗・鎌田磨人・長井雅史・井庭崇（2024）生物多様性地域戦略を協働で策定するためのパターン・ランゲージ―合意形成のプロセスデザイン技術. 景観生態学, 29:73-91.

鎌田磨人（2012）「生物多様性とくしま戦略」の策定と推進にむけた協働. 地域自然史と保全, 32: 119-130

鎌田磨人（2013）生物多様性地域戦略の策定と推進における協働. ランドスケープ研究, 77: 95-98.

鎌田磨人（2022）豊かな空間の再生・創造.（日本景観生態学会 編）景観生態学, 65-68, 共立出版, 東京.

春木章博・逸見一郎・八色宏昌（2013）生物多様性地域戦略の技術的展望. ランドスケープ研究, 77: 119-121.

公益財団法人日本自然保護協会（2012）18の市民団体と研究者が連携, 知事にあてた提案づくり. 自然保護, 525: 7-9.

桑子敏雄（2016）社会的合意形成のプロジェクトマネジメント. コロナ社, 東京.

宮永健太郎（2013）地域における生物多様性問題と環境ガバナンス―生物多様性地域戦略の実態分析から. 財政と公共政策, 35: 83-95.

豊田光代（2017）地域協働による保全活動の推進に向けた合意形成. 日本生態学会誌, 67: 247-255.

豊田光代（2020）対話的協働探求のプロセスデザイン. 学術の動向, 2020: 32-37.

第3部
地域の自然を守り活かす取り組みを実践していくために

　人の暮らしが自然によって規定されるのと同じく、地域の自然の存在様式もまた、人の暮らしによって規定されてきている。このため、地域の自然の保全や利活用を考えようとする時には、自然の状態とともに、地域で育まれてきている人と自然の関係や、これからの地域によって役立つ取り組みはどのようなものかを把握し、実践につなげていくための取り組み方針を見出していく必要がある。それを達成してきた研究者や専門家はいかにして地域に関わり、学び、感じ、実践することで良い結果につなげていくことができたのか。第3部では、景観を読み解き、自然を守り活かすために実践に結びつけてきた研究者や専門家へのインタビューから、彼らが着目している観点と、地域によりそいながら自然資本管理を実践していくためのヒントを、パターン・ランゲージの考え方に基づいて言語化して提供する。

第10章
景観生態学者は活動を行う地域を どのように見ているのか

長井雅史

　地域には長い時間をかけて、人と自然の間で行われてきたやり取りによって形成された地域固有の歴史、すなわち"風土"がある。このことは、人の暮らしが自然によって規定されるのと同じく、地域の自然の存在様式もまた、人の暮らしによって規定されてきていることを意味している。そして、その風土のあり様は、グローバリズムや国家政策などの影響を受けて変容してきてもいる。このため、自然の保全に関心のある外部の研究者や活動者がある地域に入り込み、その地域の自然の再生・保全・創造を進めていくことは、決まりきったやり方では実行できない。地域の自然の保全や利活用を考えようとする時には、それぞれの地域で育まれてきている人と自然の関係（社会-生態システム）を把握し、それに基づきながら方針を見出していく必要があるのだ。このようなことから、景観生態学の分野では、地域の風土、もしくは地域に蓄積されている"空間の履歴"を把握し、そして、これからの豊かな空間づくりに反映していくことは、とても重要な課題だとされている（鎌田・伊東2022）。

　それでは、地域に入って研究や保全活動をする景観生態学者は、地域の中のどのような"もの"や"こと"に着目し、自然と人・文化との相互作用の結果として表出している景観、あるいはその景観の中での自然の状態を見立てようとしているのだろうか（ここでいう"景観"とは、「ある空間の中に存在する生態系間が相互に関係しあって形成されているシステム」のことである；鎌田2022）。そして、自然の保全や利活用のあり方を考えるために、その見立てをどのように利用しようとしているのだろうか。そこには、実践の専門家だからこそ持ち得る着眼点があるだろう。

　たとえば園芸家が植物を見る時には、植物の健康状態や成長の具合、必要なケアなどを専門家としての着眼点を通して見抜く。教師は、ある生徒が置かれている状態を感じ取り、のびのびと育っていくために必要なことをある観点を通じて捉える。これと同じように、地域に入り、その地域の景観や生態系を地

図1. 作成にあたってのインタビューおよびフィールドワーク

域の文脈もふまえながら、保全していこうとする景観生態学者には、その地域の景観を捉えるために見ている観点が何かあるはずだ。それを見出すために、景観生態学を学術的な背景として、地域で実践的な研究・活動を展開している専門家である鎌田磨人氏、白川勝信氏、三橋弘宗氏、丹羽英之氏の4名に長井がインタビューを行った（図1）。本章では、インタビュー結果を基に、景観生態学の研究者・専門家が地域の景観を作り出している人と自然の関係をどのように読み解き、これからの保全活動につないでいこうとしているのかを、38の観点として提示する。これら観点は、第11章で紹介される「地域によりそう自然資本管理の進め方」の前提となるものである。

全体像——観点の曼荼羅

　景観生態学者が地域に足を運び、保全活動をしていこうとする際に有している観点は合計38の観点としてまとめられた（図2）。全体像は、まずは「G. 基盤となる地理的な条件」が土台となり、その上で4つの大カテゴリーに大別されている。「A1. 景観を作り出してきた人と自然の関係性」、「B1. 生態系の構造と成り立ち」、「A2. 景観の保全・利活用に向けた地域社会の動き」、「B2. これからの景観創出の見立てと道筋」である。Aがつく大カテゴリーは、景観の背景にある地域の人の暮らしや考え方などを紐解く観点であり、Bは生態系の構造を生み出す生態的過程に関する観点だ。また、1がつく大カテゴリーはこれまで紡がれてきた景観を紐解く観点（過去を見る目）であり、2はこれからの景観に目を向けた時に着目している観点（将来を見据える目）となっている。

　それぞれの観点には番号が振られているが、それは時系列を表すものではない。景観生態学者が地域の景観のこれまでとこれからを読み解こうとした時に同時に見ることもあるし、後で考えたり確かめたりしていることもある。そのため、便宜上番号を振っているが、その順番で見ていただく必要はない。それでは次節から中身を紹介していく。

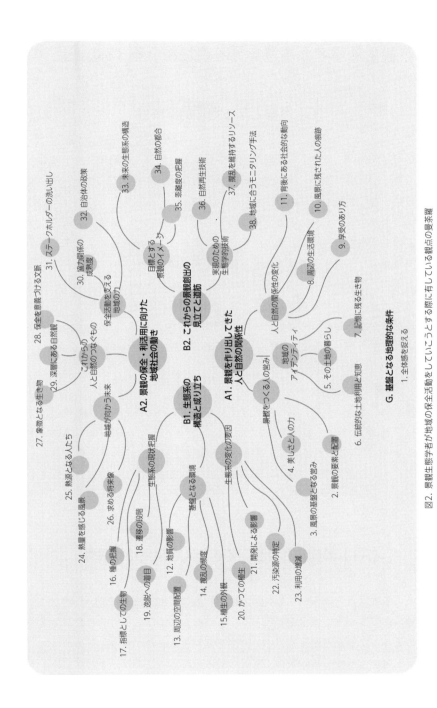

図2. 景観生態学者が地域の保全活動をしていこうとする際に有している観点の曼荼羅

景観生態学者が地域を見る際に用いる38の観点

【G】基盤となる地理的な条件

　地理的な条件は、生態系の構造や地域の暮らし、文化に影響を与えている。気候、地形、土壌の種類、降水量など、地理的な特性によって、その地域に生息する動植物の種類や生態系のバランスは変わってくる。また、これらの自然環境は、人々の生活や文化にも大きな影響を与え、食文化、伝統的な習慣、産業などにも反映される。たとえば産業を例にとると、山岳地帯では畜産業や高地農業が発展し、沿岸部では漁業や水産加工業が発展しやすいかもしれない。このように、地理的な条件は生態系の様相や人々の暮らしに影響を与え、景観を特徴づける。これから向き合おうとする地域がどのような地理的条件を持つところなのか、あらかじめ基盤となる地理的な条件を把握し、「1. 全体感を捉える」ことを行ったうえで地域に入ると景観の理解を進めやすい。

1. 全体感を捉える

　対象地がどういう場所なのか、マクロな特性から想像を膨らませる。たとえば、気候（気温、降水量、積雪量）、地形（山地、平地、海辺）、地域（山村、農村、漁村、まち、都市）などの観点がある。こういった観点を通じて全体感を捉えることで、どういった生態系や暮らしが形成されている場所なのかの仮説を立てやすくなる。

【A1】景観を作り出してきた人と自然の関係性

　地域の景観はどのような人と自然の相互作用によって生まれているのだろうか。地域に役立つ形で保全活動をしていくにあたっては、そもそも眼前の景観がどのような文脈から生まれているのかを理解する必要がある。その地域にはこれまでどのような《景観をつくる人の営み》があったのか、そしてどのような《人と自然の関係性の変化》が起きているのか、その変化の中にあっても残

る《地域のアイデンティティ》は何なのか。こういった観点で地域をみることを通じて、ここまでつくられてきている景観の背景にあるものを捉える（表1）。

表1.「景観を作り出してきた人と自然の関係性」を読み解く10の観点

A1. 景観を作り出してきた人と自然の関係性

《景観をつくる人の営み》　　《地域のアイデンティティ》　　《人と自然の関係性の変化》

　2. 景観の要素と配置　　　　5. その土地の暮らし　　　　　8. 周辺の生活環境
　3. 風景の基盤となる営み　　6. 伝統的な土地利用と知恵　　9. 享受のあり方
　4. 美しさと人の力　　　　　7. 記憶に残る生き物　　　　　10. 風景に残された人の痕跡
　　　　　　　　　　　　　　　　　　　　　　　　　　　　　11. 背後にある社会的な動向

《風景をつくる人の営み》

まずは、対象地の景観がどのような特徴を持ち、どのような人々の営みによって形成されてきているのかを捉える。「2. 景観の要素と配置」を見ることで、地域の外観を理解することができる。また、観察された景観がどのような地域社会の活動によって築かれてきたのか、「3. 風景の基盤となる営み」にも目を向ける。そして、「4. 美しさと人の力」に焦点を当てることで、その場所に込められた人々の思いや願いを感じ取ることができる。これらの観点を通じて、対象地の景観がどのような人々の生活や文化、歴史によって織りなされているのかを理解する。

2. 景観の要素と配置

地域の中でどういった景観の要素があり、どのように配置されているのかを様々なスケールから見ることで外観を掴む。たとえば、森林、里山、農地、居住地、用水路などの要素が、どういう配置パターンとしてあるのかに着目する。このような景観の構造を捉えることから、そこで営まれている人々の生活が想像される。

3. 風景の基盤となる営み

目の前にある景観の構造は、地域で営まれてきたこれまでの生活や自然の管理、利活用の結果である。どのような風習や自然管理のルール、産業や人々による利活用があり、目の前の風景の基盤が作り上げられたのかに想いを馳

せる。それは、たとえば、高度経済成長期以前のルールや利活用の名残かもしれない。

4. 美しさと人の力

景観の美しさには、そこに住む人たちによる小さな手入れが、長い間積み重ねられた結果が現れている。また、整えられた棚田や里山の林道がきれいに保たれ、間伐が適切に行われていることなどから、地域の人たちが自然環境の維持に努めていることが感じ取れる。逆に藪の多さや耕作放棄地の多さなどから、その地域から人が離れていっていることを感じ取るかもしれない。このように目に見える景観の印象から、その背後で今その場所が地域の人たちにどのくらい大切にされ、手をかけられているのかを感じ取ることができる。

《地域のアイデンティティ》

対象地がどのような風習、伝統、文化を持つ土地なのかを理解することは、地域の人々と自然の間にある関係性を知る手がかりとなる。たとえば、「5. その土地の暮らし」を知ることで、対象地に住む人たちがどのように自然と関わり、共生してきているのかを想像することができる。さらに、その土地に根付く「6. 伝統的な土地利用と知恵」や「7. 記憶に残る生き物」を調査することで、地域特有のアイデンティティを深く感じ取ることができる。これにより、その地域の独自性や文化的背景が浮き彫りになり、地域に対する理解が深まる。

5. その土地の暮らし

その土地だからこそ形成されてきている暮らしのスタイルに目を向け、地域ならではの人と自然の循環関係を想像する。それにあたって、今の暮らしだけではなく、かつてここで暮らしてきた人たちが、どこからどんな資源を得ながら生活をしていたのかを調べるのも良い。たとえば、山からは燃料、資材、牛や馬の餌など、農地からは米や野菜など、用水からは水や食料を調達し、蛍を愛でるといった体験などがありうる。仮に生活全体が土地に根付いたものから変わっていたとしても、食文化など途切れずに残っているものもある。

6. 伝統的な土地利用と知恵

　世代を超えて続いている地域特有の利活用の仕方に着目し、そこからその地域に根付く伝統や文化を感じ取る。たとえば、山焼きのような農事が今でも伝統的に行われているところもある。また、続いていることには何かの理由があると捉え、そこにはどんな土着の知恵があるのか、想像を膨らませてみる。

7. 記憶に残る生き物

　地域の人たちの記憶と結びついた生き物は、その土地の象徴として重要な役割になり得る。たとえば、北広島のササユリのような種は、草原の再生にあたって具体的な指標となる（第7章参照）。このような種は、単に生態系の構造を見たからといって理解できるものではなく、地域の人々の思い出や文化の中から浮かび上がる存在である。

《人と自然の関係性の変化》

　対象地の景観がどのように変化し、その背景で地域の人と自然の関係性にどのような変化が生まれているのかを捉える。たとえば、日本では高度経済成長期以降は景観に大きな変化があったことを前提に、今ある景観がかつての景観からどのように変化したのかに目を向けてみる。具体的には、「8. 周辺の生活環境」を調査し、今はどのような暮らしがあり、かつての暮らしからどのように変化しているのかを明らかにする。同時に、生活の変化にともなって自然からの「9. 享受のあり方」の移り変わりも感じることができる。実際にフィールドを訪れた際には、「10. 風景に残された人の痕跡」を見ることで、その場所がどのように使われてきて、今はどのように使われているのかを感じる。また、「11. 背後にある社会的な動向」に目を向けることも、景観・変化を理解することに役立つ。

8. 周辺の生活環境

　自然の周囲にある生活環境に着目し、その地域がどれくらい都市化されているのか、逆にその地域からどのくらい人がいなくなっているのかを見て、感じることで、自然と地域の人の距離感を見立てる。また、たとえば農業が続いていたり、かつてと同じような暮らしがあったりしても、近代化によって

やり方が変わり、自然との距離感も変わっていることもある。

9. 享受のあり方

どのような人たちが、どういった目的で自然環境を利活用してきているのかを捉える。たとえば、古くは燃料や資材として木々を資源として得ていたかもしれないが、今は憩いの場として生活者が利用しているかもしれない。また、たとえば地域外の人が観光資源として活用している場合もある。このように、享受者と享受のあり方の変化を知ることは、人と自然の関係性の変化を知るきっかけとなる。

10. 風景に残された人の痕跡

自然の中に入って、調査をし、そこに残されている人の痕跡を見ることで、どのような人たちがどのようにその場所を使っているのかを推測する。たとえば、石垣やお墓、炭焼きの跡が見つかることで、かつてその場所で行われていた人々の生活が見えてくるかもしれない。また、鹿柵を設けているなど、今の人々による保全を意図した活動の気配を感じ取ることができるかもしれない。

11. 背後にある社会的な動向

目の前にある景観が、地域内の動きを超えたどのような社会的な動向の影響を受けているのかを想像する。たとえば、グローバルな経済の動向や政策の変化、技術の進歩なども、地域社会の景観に影響を与える。具体的には、国際的な貿易協定や環境保護政策は、地域の産業構造や環境保全の取り組みに影響を与えるだろう。また、情報技術の進展は、都市と地方の関係や産業のあり方を変え、人と自然の関係にも影響を与える。

【B1】生態系の構造と成り立ち

景観をつくりだしている生態系がどのような構造をしていて、どういった成り立ちをしているのかを捉える。まずは対象とする生態系の《基盤となる環境》を捉えることで、どのような条件下にあるのかを知る。そのうえで、どういっ

表2.「生態系の構造と成り立ち」を読み解く12の観点

```
┌─────────────────────────────────────────────────────────┐
│                 B1. 生態系の構造と成り立ち                │
│                                                         │
│   《基盤となる環境》    《生態系の現状把握》   《生態系の変化の要因》  │
│                                                         │
│   12. 地質の影響        16. 種の把握          20. かつての植生      │
│   13. 周辺の空間配置    17. 指標としての生物   21. 開発による影響    │
│   14. 撹乱の頻度        18. 遷移の段階        22. 汚染源の特定      │
│   15. 植生の外観        19. 逸脱への着目      23. 利用の増減        │
└─────────────────────────────────────────────────────────┘
```

た種がどのような状態でいるのかを捉えることで、《生態系の現状把握》をする。何か自然遷移から外れたことが起きていた場合は、その背景でどのような《生態系の変化の要因》があるのかにアンテナを立てる（表2）。

《基盤となる環境》

生態系の形成に大きな影響を与える環境条件を正確に捉えることは、自然環境の理解において重要である。まず、無機的環境（気温、降水量、地質など）が地形や生物群に与える影響を考慮する。特に、「12. 地質の影響」はその地域の地理的な条件を決定づけ、生物の生息環境に大きな影響を及ぼしている。次に、「13. 周辺の空間配置」を確認することで、その地域の生態系全体をより包括的に把握する。さらに、自然または人為的な「14. 撹乱の頻度」にも注目する。撹乱とは、火災や洪水、人間活動などによる環境の変化を指す。これがどの程度の頻度で起こるかを知ることで、生態系がどのように動的な安定性を維持しているのかを理解することができる。また、対象地が森林や草原などの場合、「15. 植生の外観」を最初に観察することで、その土地の大まかな特徴や歴史を迅速に理解する手助けとなる。

12. 地質の影響

観察される生態系が、どのような地質のうえに成立しているのかに目を向ける。日本の中でどこに位置するかによって地質が変わり、地質によって地形や生育する生物群が変わってくる。そして、地形の違いは、川の流れにも影響を及ぼす。

13. 周辺の空間配置

　対象とするフィールドがどういった地形で、どんな生態系に囲まれているのか、空間配置を見る。また、隣接する生態系・土地利用が、どのように相互に作用しあっているのかを考える。

14. 撹乱の頻度

　撹乱というのは、生態系の維持管理上とても重要であり、自然撹乱が起こりやすい状況があるのかどうかによってアプローチの仕方は変わってくる。そのため、周辺環境や人為改変度合いなどを見たうえで、自然撹乱や人の利用によって動的安定性が保たれている場所なのかどうかを判断する。

15. 植生の外観

　対象地においてどのような植物がどのように分布しているのか、その外観を把握する。たとえば、広範囲にわたって同じ種類の木が生えている場合、そこから過去に大きな自然撹乱が起こったり人為的に植林されたりしたことが想像できるかもしれない。このように、生態系の中に直接入って詳細な調査を行わなくても、外から見た植生の外観から大まかな情報を得ることができる。

《生態系の現状把握》

　対象となる自然を保全するにあたって、現状の生態系がどのような状態なのかを捉えることは大切である。まずはどういった生物がいるのか「16. 種の把握」を広く行う。そして、「17. 指標としての生物」に着目し、読み解くことを通じて、どういった環境条件がそこにあるのかを理解する。また、「18. 遷移の段階」を見立てたうえで、自然遷移からの「19. 逸脱への着目」をすると変化の要因を考え始めることができる。こういった調査をするにあたっては、似たような自然環境にこれまで訪れた時の経験が基準として役に立つ。

16. 種の把握

　対象とする場所に、どういった種がいるのかを調査し、そこにいるべき種が残存しているかどうか、生態系維持に必要な生物間の相互作用が保たれているかどうかを確認する。また、そもそも守りたい生態系を維持するために

必要な種が残っているのかどうかにも目を向ける。

17. 指標としての生物

そこに生息・生育する生物の状態を見ることから、環境を推測し、把握する。特定の生物が一箇所に集まる背後には、その場所固有の環境条件が関係している。生物の生息・生育状況から環境を推測し、その場所の気候や土壌に関する手がかりを得ることができる。

18. 遷移の段階

自然は放っておいても、ある状態から別の状態に移る「遷移」が起こる。対象とする場所が遷移の中でどの段階にあるのかを捉える。たとえば、ある地域で森林の遷移の段階を知りたい場合は、地域の社寺林（鎮守の杜）などの人の手が加わっていない場所を見ると、人の手が加わらない状態ではどのような森になるのか想像つきやすい。そういった状態と比較しながら、今がどのような遷移の段階にいるのかを考えてみる。

19. 逸脱への着目

時間とともに起きる自然遷移に当てはまらないことが起きてないかどうか、起きている場合はどのような"異常"が起きているのかを見つける。そういった逸脱に着目することができると、その背景にある要因に関して想像しはじめることができる。

《生態系の変化の要因》

生態系の変化がどのような要因によってもたらされているのかに着目する。まずは「20. かつての植生」と比較した時に、どのような変化があるのかを特定する。そのうえで、「21. 開発による影響」がどの程度あるのか、また生態系が劣化しているのであれば「22. 汚染源の特定」をする。他にも人々の暮らしの変化に伴う「23. 利用の増減」などにも着目する。

20. かつての植生

地域の文化や伝統に根ざした土地利用があった時代に、どういった植生が分布していたのかを過去の写真などを用いながら調べる。そのうえで、今起

きている植生や生物層の変化が、どのような要因によってもたらされているのか当たりをつける。

21. 開発による影響

その生態系の周辺がどれくらい土木工事がされているのかを見ることから、開発が生態系に与えている影響を捉える。たとえば、住宅が増えていたり、用水路がコンクリートになっていたり、道路ができていたりなど、様々な開発が行われているかもしれない。

22. 汚染源の特定

その場所の周辺にどういった産業があるのかを把握し、対象とする生態系への影響を捉える。生態系の劣化を引き起こすような計画や産業があったりするかどうかを確認する。また、他にも生態系に大きく影響を与える要因としては、外来種の存在によって、在来種が捕食されたり、生息・生育場所を奪われたりすることもある。

23. 資源利用の増減

かつての暮らしがあった時と比べて、地域の中での資源利用が多くなっているのか、少なくなっているのかを考える。たとえば、過度な観光利用によって荒らされたりする場合もあれば、人が離れたり、暮らしが変化したりすることによって利用が減少することもある。

【A2】景観の保全・利活用に向けた地域社会の動き

これまでつくられてきた景観をもとにしながら、対象地がこれからどのような未来に向かって行こうとしているのか、人と自然の関係はどのように紡がれて行こうとしているのかに目を向ける。まずは、あくまでも持続的に主体となるのは地域であるという前提のもと《地域が向かう未来》を知る。そして、その未来に向けて、《これからの人と自然をつなぐもの》はどのような生物、価値観、産業になるのかを想像する。他にも実際に活動していこうとすると、《保全活動を支える地域の力》がすでにあるのかどうか、そしてどのように協働して

いくのかを考える（表3）。

表3.「景観の保全・利活用に向けた地域社会の動き」を読み解く9の観点

A2. 景観の保全・利活用に向けた地域社会の動き

《地域が向かう未来》　　《これからの人と自然をつなぐもの》　　《保全活動を支える地域の力》

24. 熱量を感じる風景　　27. 象徴となる生き物　　30. 協力関係の成熟度

25. 熱源となる人たち　　28. 保全を意義づける文脈　　31. ステークホルダーの洗い出し

26. 求める将来像　　29. 深層にある自然観　　32. 自治体の政策

《地域が向かう未来》

景観の保全・利活用をしていくにあたって、まずはすでにある地域社会の動きに目を向け、人々の意思が現れていそうな「24. 熱量を感じる風景」に目を向けてみる。また、その風景の背後にいる「25. 熱源となる人たち」に興味を向け、その人たちが「26. 求める将来像」を理解する。こうして、地域がこれから動いていこうとする方向を掴む手がかりを得られる。

24. 熱量を感じる風景

人の熱量を感じるような風景に着目し、その背後にどのような人の活動があるのかを想像する。それはたとえば、これまで継承されている決まりごとや祭事のようなものかもしれないし、新たな自然の利活用・保全の動きかもしれない。この観点を通じて、自然と人の関係性や、それを維持したり、再創造するための地域の人たちのエネルギーを感じることができ、地域への関わり方を考えるための素材となる。

25. 熱源となる人たち

実際に保全をしようとすると、その地域に想いを持って推進する人や組織がいなければ成り立たない。そのため、まずはその場所に思い入れがあり、活動の中心となる人がいるのかどうかにアンテナを立て、エネルギーを感じられる風景の背後にいる人を探す。

26. 求める将来像

保全や発展の方向性は地域住民によって決定され、住民の意向に応じて必要な介入や役立つ情報が変わる。そのため、まずは地域の人がその場所をどのように活用したいのか、どういうふうにしていきたいのか、未来への意思を受け取る。

《これからの人と自然をつなぐもの》

新しい人と自然の関係性がつくられていくにあたって、何が結び目となりそうかを考える。たとえば、「27．象徴となる種」を見つけることで、その種を起点に地域の未来を描くことができるかもしれない。また、「28．保全を意義づける文脈」を見つけることで、地域にとって取り組みやすくなる目標を立てられることもある。「29．深層にある自然観」を踏まえることによって、地域の人の心に寄り添った上で今後の方向性を考えやすくなる。

27．象徴となる生き物

これからの地域と自然の関係性を紡いでいくにあたって、鍵となりそうな種を見つける。たとえば、佐渡市のトキ（第5章）や、北広島町のササユリを用いた再生（第7章）、金武町のマングローブ（第8章）など、人と自然をつなぐ種（バウンダリー・オブジェクト）を起点に未来の関係を紡ぐ。

28．保全を意義づける文脈

今の地域にとって、自然の保全がインセンティブになる文脈があるかどうかを探る。たとえば、地域固有の伝統文化がある場合は、それを残したいと思っている人がいるかもしれない。また、自然を活用した観光産業がある場合は、事業者にとっては事業を長く続けていくために保全・再生をすることが大事になるかもしれない。このように、地域の中で生まれてきている新たな産業や価値観とどう結びつけるかが大切となる。

29．深層にある自然観

地域の人たちの心の中でその土地で暮らす体験がどのように変わっていて、対象とする自然がどのようなものとして認識されているのかを踏まえる。たとえば、山焼きの伝統が残る町では「山焼きがないと正月が来た感じがしない」という感覚との結びつきがありつつ、若者たちにとっては見晴らしが良

いためデートの場ともなっている（第7章）。このように地域の人たちの心における自然の位置付けのこれまでとこれからを捉えることで、地域の人たちが持つ自然に対する価値観や自然に対する認識の変化を考慮に入れ、今の地域に即したアプローチを考えるきっかけとなる。

《保全活動を支える地域の力》

これから地域内で保全活動をしていこうとした時に、どのくらいのリソースがすでに地域にあるのかを見る。たとえば、活動を進めようとする人たちの周りにある「30．協力関係の成熟度」を捉えることで、すでにある活動の推進力を知る。また、「31．ステークホルダーの洗い出し」をすることで、地域内にある潜在的な協力者を捉えることができる。そして、「32．自治体の政策」を確認することで、その地域全体がどのような方向に向かおうとしているのかも知ることができる。

30．協力関係の成熟度

活動の中心となる人たちの周辺に、どのくらい一緒にやろうとする人がいるのか、どれくらい活動の輪が広がっているのかなど、今すでに蓄積されている社会関係資本を捉える。また、時には地域のしがらみのようなものがあるため、そういった地域内の関係性にもアンテナを立てておく。

31．ステークホルダーの洗い出し

活動を進めていくにあたって、関係しそうなステークホルダーを洗い出し、どこに協力してもらうとよいかの目星をつける。たとえば、活動をするために結びつくべき産業は何か、自治体は誰を中心にどのようなことをしているのか、協力してくれる学校があるのか、消防団などの連携できる地域自治力があるかなどを理解する。

32．自治体の政策

自治体の政策や計画、法律・条例、保護区のことなど、現状の取り組みを知る。それらの情報を知ることで、自分たちのこれからの活動をどのように位置付け、どのような方向性で行うと良いのかを考える参考となる。

【B2】これからの景観創出の見立てと道筋

　これからの地域の景観がどのような姿に変わっていき、そのためにはどういったプロセスを踏む必要があるのかを想像する。まずは、地域の人たちの意思と自然の摂理、そしてここまで形成されてきている景観に基づいて、《目標とする景観のイメージ》を考える。そして、未来の景観を《実現するための生態学的技術》とプロセスを描く（表4）。

表4.「これからの景観創出の見立てと道筋」を読み解く6の観点

```
B2. これからの景観創出の見立てと道筋

《目標とする景観のイメージ》      《実現のための生態学的技術》

33. 未来の生態系の構造            36. 自然再生技術
34. 自然の都合                    37. 撹乱を維持するリソース
35. 乖離度の把握                  38. 地域に合うモニタリング手法
```

《目標とする景観のイメージ》

　これから地域でつくられていくであろう景観のイメージを捉える。そのためには、地域の人たちの思いに沿った「33. 未来の生態系の構造」を想像する。また構造が人間の都合だけでなく、「34. 自然の都合」にも沿っているのかどうかを加味する必要がある。そのうえで求める生態系の構造と現状の生態系の構造の間にある「35. 乖離度の把握」をすることで、どのようなアプローチが必要なのかを見立てるための手がかりを得る。

33. 未来の生態系の構造

　地域の人たちが求めている将来像において、対象とする自然をどのように利活用したいと思っているのか、そしてそのために必要な生態系の構造はどのようなものなのかを見立てる。

34. 自然の都合

　地域の人の望むものは大切だが、それが土地柄にあわない突拍子もないア

イディアだとしたら実現は難しい。そのため、これから地域に必要とされる生態系の形が、自然のプロセスに即したものなのかを考える。人間の利用目的に応じて自然の社会的な価値が変わるが、自然側の都合も理解したうえで、これまでの地域の人と自然の関係性の積み重ねに基づいた将来像をともに考える。

35．乖離度の把握

地域が求める生態系の状態と現在の生態系の状態とがどのくらい離れているのかを見積もり、その乖離がどのような要因によって引き起こされているのかを把握する。

《実現のための生態学的技術》

これからの未来における景観を実現するために、現在の景観からどのような橋をかけるべきかを考える。まずは、目指すべき景観を実現するための「36．自然再生技術」について考える。植生の回復や多様性の保全、水質改善など、様々な課題に対してアプローチする必要があるかもしれないが、それらを解決できるための方法を考える。次に、新たな景観を成り立たせるための「37．撹乱を維持するリソース」が地域にあるのかどうかを確認する。これによって、新たな景観の維持が長期的に可能かどうかがわかったり、なければ他のアプローチを考えたりすることができる。そして、「38．地域に合うモニタリング手法」をつくることも不可欠である。持続的に行いやすいモニタリング手法があることで、地域社会が主体的に取り組みやすくなる。

36．自然再生技術

望まれている生態系の状態と現在の状態を乖離させている要因を取り除き、求める構造を生み出し、維持していくための生態学的技術を考える。そのためには、求める構造を生み出し、維持するための撹乱の質と強度を見立て、生態系が時間とともに変化することを考慮に入れたうえで、求める構造が動的に維持されていくための手法を考える必要がある。自然のプロセスでそれが得られない場合は、人による介入としてどのような技術があり得るのかを考える。

37. 撹乱を維持するリソース

　求める生態系の構造が動的に維持されていくための利活用や撹乱がどの程度定常的に得られそうか、得られない場合は人為的に撹乱を起こすリソースが地域のどこにあり、誰が担えるのかを考える。

38. 地域に合うモニタリング手法

　地域の人たちがなるべく簡単に測れるモニタリングの方法を検討する。「こうやったらうまくいくだろう」と思っていても、想定とは異なる状況が発生することもあるため、モニタリングを行える方法も検討しておくことで、こまめに進め方を見直すことができ、順応的管理が可能となる。

引用文献

鎌田磨人（2022）景観生態学とは.（日本景観生態学会 編）景観生態学, 2-15, 共立出版, 東京.

鎌田磨人・伊東啓太郎（2022）風土と景観生態学.（日本景観生態学会 編）景観生態学, 61-72, 共立出版, 東京.

第11章
地域によりそう
自然資本管理の進め方

鎌田安里紗

　本章では、地域によりそいながら自然資本管理を進めるためのパターン・ランゲージを紹介する。このパターン・ランゲージは、本書で紹介された事例に関わってきた研究者や専門家が、いかにして地域と関わり、地域にとって良い未来とは何かを模索し、自然資本を守りながら活かすことでその未来の実現にどのように貢献していくことができるのか、試行錯誤しながら得てきた経験則を抽象化・体系化・言語化してまとめたものである。第3章で紹介したパターン・ランゲージの作成プロセスに沿って、対象者にヒアリングを行い、クラスタリングを行い、パターンの様式に書き起こす、という手順で取りまとめた。

　生物多様性・自然資本の保全に向けて、地域ごとに様々な試みが推進されている。地域間で互いに課題や優良事例を学び合うことも行われているが、土地の特徴や取り組むべき課題、人材や資金の状況も異なる中で、他地域の知見を自らの現場に活かすことは容易ではない。また、「あの地域には○○さんというキーパーソンがいたから上手くいった」など、よい結果が生み出された理由が属人的なスキルによるものであると理解されてしまうこともある。パターン・ランゲージでは、ある領域において良い結果を生み出すための実践の技術を数十のパターンとしてまとめる。適度な解像度・抽象度でまとめることによって、他の人や場所で実践のヒントとして取り入れやすくなる。

パターンの読み方

　一つひとつのパターンは見開き2ページで紹介される（図1）。左ページには、上からパターンの内容を示す「名前」、内容への導入となる「イントロダクショ

第11章 地域によりそう自然資本管理の進め方

パターン番号

パターン名

イントロダクション（一行説明）

状況 (Context)

その状況において

問題 (Problem)
・問題を発生させる要素
・...
・...

そこで

解決策 (Solution)
・具体的なアクション
・...
・...

その結果

結果 (Consequence)

図1. パターン・ランゲージのフォーマット

ン」の一文、そして内容のイメージを掴むためのイラストが記載される。右ページには、どのような「状況」のときに、どのような「問題」が起こりやすいのか、その問題が起きないようにするあるいは「解決」するための考え方・実践方法はどのようなものか、それを実践するとどのような「結果」が生み出されるのか、という内容が記述されている。

パターンは前から順に読んでいってもよいし、全体をざっと掴み、必要と感じられるものを読んでもよい。自身の地域での実践と照らし合わせながら、経験のあるもの、ないもの、これから取り入れてみたいものなど、振り分けながら読んでみてほしい。

地域によりそいながら自然資本管理を進めるためのパターン・ランゲージ

地域によりそいながら自然資本管理を進めるためのパターン・ランゲージは、全体で36のパターンがあり、3つの大きなグループに分かれている。全体像は以下のようになっている（表1）。

1つ目は「地域を主体にした活動のデザイン」、2つ目は「信頼関係の構築と合意形成」、3つ目は「持続的で自律的な仕組みに落とす」である。まず、対象となる具体的な地域の中に入り、地域の人々との関係性を構築していくことが必要になる。地域の自然はそこで暮らす人の生活や仕事に影響を与えるものであり、外部から関わる研究者や専門家が勝手に手を加えてよいものではない。地域の人々がどのように自然と関わり、どのように自然を見ているのか、学び、感じ、知っていく必要がある。そのうえで、地域の実情を理解し、地域社会に役立つ活動のデザインをしていかなければならない。

地域の中で共に活動していくことができる人に出会え、実際に活動を動かしていくことになった際には、まず互いの視点を知り合い、信頼関係をつくることに重きを置く必要がある。そうして活動の土台をつくり、徐々に地域内での関わりの輪を広げていく。

そして、活動は常に見直しながら、人と自然の変化に合わせて変化させられるように、順応的に動き続けることが重要である。研究者や専門家が中心とな

表1.1. 地域によりそいながら自然資本管理を進めるためのパターンランゲージの全体像

1. 地域を主体にした活動のデザイン

《地域の中に入っていく》
No.1. 実践する研究者
No.2. 思いを持つ人とのつながり
No.3. 地域への好奇心
No.4. いま役立てること
No.5. 応えようとする姿勢

《地域の実情を理解する》
No.6. 自治体としての方向性
No.7. 明文化されていないルール
No.8. 地域のアイデンティティ
No.9. お互いに有意義な時間
No.10. 雑談の中の本音

《地域社会に役立つ活動のデザイン》
No.11. 活動が続くための研究設計
No.12. 地域発展につながる保全
No.13. 地域の価値をあげる学術発表
No.14. きっかけづくりのシンポジウム

2. 信頼関係の構築と合意形成

《互いの視点を知り合い信頼関係をつくる》
No.15. 根底にある共通点
No.16. 違いの相互理解
No.17. 考えるための素材

《活動の土台をつくる》
No.18. 活動を進めるための組織体
No.19. 実現のための勉強会
No.20. 実感を得るための視察

《関わりの輪を広げる》
No.21. 応えることから
No.22. 具体的な紐解き
No.23. あなたできる必然性
No.24. 広がりの予感
No.25. 実例をつくる

3. 持続的で自律的な仕組みに落とす

《順応的に動き続ける》
No.26. 小さく始める
No.27. 定期的な見直し
No.28. ズレの解消

《行政施策への組み込み》
No.29. 資本としての自然
No.30. 実現可能な協力関係
No.31. 自治体としての宣言
No.32. 総合計画への組み込み

《地域の中での広がり》
No.33. ひらかれた活動実績
No.34. 続けていける設計
No.35. 後押しとなる予算補給
No.36. 新しい担い手

って活動の創出や継続を支援してきている場合でも、中長期的には、地域が主体となって活動が続いていけるように徐々にバトンを渡し、行政施策への組み込みや、地域の中での広がりをつくっていく必要がある。

　以下で解説するパターン・ランゲージでは"研究者"という表現を用いているが、これにはいわゆる"専門家"も含めて使用している。このパターン・ランゲージは研究者や専門家がどのように振る舞うことで、地域によりそいながら研究や活動を進めていけるかという視点から書かれたものであるが、その他の立場の方には、自分たちと関わろうとする研究者・専門家がどのような立ち位置にあるのかを知るためのツールとして使用することもできる。ぜひ、様々な地域での活動に活用していただければと思う。

No.1

実践する研究者

研究者としての知見を活かす実践者になる。

第11章 地域によりそう自然資本管理の進め方

地域の自然を守り、活かしていきたい。

その状況において

調査を行ったり論文を書くだけでは、現状理解の手助けにはなっても、実際に地域の自然が良くなるわけではない。研究者としては、客観的な立場から知見を提供することに重きを置いてしまう。しかし、具体的な変化を生み出すためには、地域の人と関わり合いながら、実践のための働きかけをしていかなくてはならない。

そこで

地域を主体に自然資本管理を進めていくというビジョンを持って、保全活動の実践者として、地域に入っていく。地域の風土や自然を、暮らしや仕事に活かしていく方法を考え、提案する。あくまでも決定権は地域にあるということは大前提。そのうえで、地域を良くする研究をしたいのであれば、どうなることが良い状態だと思うのか、自分の価値観やビジョンを持ち、折を見て伝えていく必要がある。

その結果

ニュートラルであろうとしすぎず、地域の人に自分の思いを知ってもらうことで、興味を持ってもらえるきっかけになる。研究者自身がビジョンを持っていることで、すでに地域の中で何らかの思いを持って活動している人とつながり、活動の輪が広がっていくことも期待できる。

No.2

思いを持つ人とのつながり

地域の未来をつくろうとする人と出会う。

第11章 地域によりそう自然資本管理の進め方

地域の人との関わりをつくっていきたい。

その状況において

自然を守りたいと思っている人が地域内にいるとは限らず、どのように地域との関わりを持っていけば良いのかがわからない。 地域に根付く活動にしていくためには、外からの働きかけだけでなく、地域の人たちや地域社会の取り組みとして動いていく必要がある。しかし、近しい思いを持って活動している人と出会えるとは限らない。

そこで

どんな分野でも良いので地域への思いを持って活動をしている人とまずつながり、そこから関係性や活動を広げていく。「地域を良くしたい」という思いが重要な動機となるので、直接的に自然に関する取り組みをしていなくとも、一緒に活動をしていける可能性がある。たとえば、観光や教育、防災など、地域への思いを持つ人が集まるようなイベントに参加してみる。

その結果

すでに何らかの方法で地域を良くしようと動いてきている人からお話を伺うことで、地域としての課題認識を知ることができたり、連携できる人を見つけることができる可能性が高まる。思いを持って地域で活動をしている人は周りにいろいろなつながりを持っている可能性があり、そこを起点に輪を広げていける可能性もある。

No.3

地域への好奇心

地域のことを知り、感じるために飛び込んでいく。

第11章　地域によりそう自然資本管理の進め方

地域が主体となって自然を守り、活かしていくためには、地域の人が自然とどう関わってきて、これからどう関わっていきたいのかを知る必要がある。

その状況において

他所者(よそもの)として関わりを持ち始めた段階では、情報も関係性も少なく、適切に研究や活動を設計していくことができない。地域の自然は、地域の人の暮らしや文化と密接につながっているものであり、そこに関わるためには、地域のことをよく知っていく必要がある。しかし、地域の人からすると、研究者は"たまに調査にくる人"くらいの認識で素性がよくわからないので、なかなか信頼関係を築きにくい。

そこで

地域の催しや飲み会などの機会があれば自ら積極的に参加したり、ちょっとしたお誘いやご厚意は素直に受け取るように心がける。定期的に足を運び、地域の文化や空気感に沢山触れたり、地域のお祭りやイベントがあれば参加してみる。もしつながりが生まれた人が何か声をかけてくれた場合には恐縮して断ってしまうのではなく、積極的に参加する。そのために、スケジュールも必要な予定だけを確保するのではなく、余裕を持っておくようにする。

その結果

小さな機会から接点を持ち始めることができ、だんだんと地域の人たちの文脈に馴染んでいくことができる。飲み会などで出てくる食材やふとした会話から、地域の暮らしの中での自然との関わりや思いを体感することができる。それは風土の理解につながる。

No.4

いま役立てること

お客さんとしてお邪魔するだけではなく
相手の立場で力になれることを探す。

第11章 地域によりそう自然資本管理の進め方

地域の自然を守り活かすことに、研究者として
役立てるよう、地域に入っていっている。

その状況において

調査に行くと、地域の人に時間をいただくことになるので、どうしても負担をかけてしまう。 調査やインタビューそのものが一時的には迷惑をかけてしまうものであるうえに、専門家として力を発揮しようとすることで、心理的な距離を生んでしまう可能性もある。コミュニケーションをとる際も、専門用語など言葉の使い方によっては、権威的に感じてしまうこともある。

そこで

相手の文脈で、相手が必要としていることに合わせて、力になれることを常に探すようにする。 インタビューに伺った際に一緒にテーブルを動かしたり、議事録をとってお渡しするなど、その場で役立つことを探して、些細なことでも実践する。漁師さんの船に乗ってお手伝いをさせてもらったり、農家さんにお邪魔した際には草抜きをさせてもらったりする。その際に、手伝うといってもあまり力になれないことや、逆に面倒をかけてしまう可能性も忘れないようにする。

その結果

実際に役に立つかどうかにかかわらず、その気持ちや誠意は伝わるもの。できることをやることで、小さな信頼関係を積み重ねていくことにつながる。最終的には取り組み全体を通して地域にとって良い成果を生み出すことで、大きく恩返しできることを目指していく。

No.5

応えようとする姿勢

たとえ答えることができなくても、応える。

第11章 地域によりそう自然資本管理の進め方

研究者として地域に関わる中で、
地域の人から相談を受けるようになった。

その状況において

地域にある困りごとは複合的であるため、自分の専門分野だけでは答えきれない。 地域の課題は様々な要素から成り立っているため、自然に関することでもそれ以外の要因が絡んでいるものである。しかし、地域の人は、「自然に関することは聞いてみよう」と大きな括りで相談してくれるので、必ずしも自分の専門分野ではない領域についての相談を受けることになる。

そこで

直接の答えにならなくても、他の地域での事例をお伝えする、詳しい人をおつなぎするなど、自分ができることを探して困りごとに応えるようにする。 学術的知識で答えるというよりも、活用事例も含めて情報をお渡しできるようにする。そのためにも、日頃から様々な地域に足を運んで、現場のリアルな困りごとや良い事例に沢山触れることで引き出しを増やしておく。自分では応えられないことでも誰かにつなげるように、つながりのある研究者仲間がどのような興味関心を持っているのか知っておく。

その結果

自分の専門領域のようなレベルでは応えられなくとも、ある程度の範囲ででもお応えすることで、地域の人にとって少しでも助けになることがある。この人は相談すれば、調べてきてくれたり、人につないでくれたりするんだ、と印象を受け取ってもらえることで、信頼にもつながる。

No.6

自治体としての方向性

自治体が掲げる政策を踏まえた
活動のデザイン。

第11章 地域によりそう自然資本管理の進め方

地域とともに、自然を守り、活かす取り組みを進めていきたい。

その状況において

自然に関する現状評価に基づいて、活動のデザインができたとしても、地域の中で必要性を感じてもらえないと頓挫してしまう。 研究者としては、どうしても目がいくのは地域の自然の状態と、それがどうなっていくと良いかということ。しかし同時に、地域の課題解決につながることでないと、必要性を感じてもらえないものである。また、土地利用計画や法律など、動かし難い制約も存在する。

そこで

まちが公表している文書や計画を読み込み、その地域が大切にしていること、これからのまちづくりの道筋などを理解し、その文脈に活かせる内容を検討する。 具体的には、まちの総合計画や統計、土地の利用計画を読み込んでみる。また、自治体の中の委員会やその担当者など、ステークホルダーを調べてみて、行政としての意思決定の仕組みやスケジュールに合わせて活動のスケジュールを考えていく。行政の意思決定に深く関わる地域内の組織や考え方などの《明文化されていないルール》にもアンテナを張る。

その結果

地域の大きな流れに沿って自分たちの活動の方針を検討することができる。また、自治体が掲げる方向性に応じて、自分たちが何をすべきで、何をしなくてもよいのか、役割を明確にすることができる。実際に活動を進めていく中で、どこに目配りをして進めていくべきかを知ることができる。

No.7

明文化されていないルール

地域の内側にある独自の構造を理解する。

第11章 地域によりそう自然資本管理の進め方

地域が主体となって、自然を守り活かしている状態を生み出していきたい。

その状況において

いくら良い提案だとしても、話の持っていき方を間違えると実現できなくなってしまう。意思決定をしていくのは地域なのだから、決め方も地域のルールに則っていないと進められない。誰から相談をしていくかの順番や、話の通し方を無視してしまうと、地域に受け入れてもらえない。しかし、そうしたコミュニティの中の暗黙的なルールは、短い期間関わっているだけでは把握しづらいものである。

そこで

地域独自の意思決定の仕組みやプロセス、関係性があることを理解し、そのことを踏まえて活動する。こうしたルールは、自治体の計画や、議会での承認といったルールとは違って、明文化されているわけではない。そこで、地域のことをわかっている人に、話の持っていき方を一緒に考えてもらうなど、進め方を相談するようにする。また、それらを理解するためにも、飲み会や日常的な会話の場で《雑談の中の本音》にも耳を傾けながら、「ぶっちゃけどうですか」と聞いてみる。

その結果

具体的にどういった人と協力しながら、何に気をつけて活動を進めるのが良いのかが見えやすくなる。地域の中で、本当にその地域を動かしている力や流れを知ることで、《自治体の方向性》に沿って計画を立てることもより効果的に行うことができるようになる。

No.8

地域のアイデンティティ

外の人にとっては「一見わからないもの」の中に、
その土地らしさが隠れている。

第11章 地域によりそう自然資本管理の進め方

地域の人たちのためになるように、自然を守り活かす方法を考えたい。

その状況において

生態学的に正しいと思ったアプローチが、ときに地域で大切にされていることを蔑ろにしてしまうことがある。保全活動をしていくためには、生態学的に正しい方針は必要であるが、同時に地域には、科学的根拠はなくとも大切にされ続けているものもある。そういった地域固有の特徴は、数値で測ることができず、目に見えづらいものだが、そこを無視すると受け入れてもらえなくなってしまう。

そこで

その土地で大事にされている地域特有の考え方や言い方、価値観などを大切にしながら活動を組み立てていく。たとえば、生態学的に重要な木でなくとも、地域の人が大切に思っている木は切らないなど、地域の人が何に愛着を感じているのかということに重きを置いて、目指す姿を検討していく。地域特有のアイデンティティは言葉にも現れることがある。たとえば北広島町では「里山」のことを「せど山」と呼ぶが（第7章参照）、そういった地域に根差した言葉や言い回しにアンテナを立てることでアイデンティティを感じられることもある。

どうしても生態学的に良くないと思われる慣習が存在することもあるが、地域のアイデンティティも時間と共に変わるため、10〜15年、長い目線でどう変わっていくのかをイメージしながらアプローチする。

その結果

地域に残ってきているものを大事にすることで、地域の人が愛着を感じているものを守りながら協働していくことができる。生態学的には受け入れ難いことであっても、それ自体が地域の文化や自然を支えることにつながっていることもあり得るということを念頭に置くことが重要。「この土地らしさ」を活かしていくことで、長期的にも価値を生む活動になっていく。

No.9

お互いに有意義な時間

インタビューで一方的にもらうだけで終わらせない。

第11章 地域によりそう自然資本管理の進め方

地域のことを知るために、聞くべきことを準備して時間をとってもらおうとしている。

その状況において

こちらが知りたいことを一方的に聞くだけでは、いくら配慮をしたとしても、相手に時間をとらせ負担をかけることになってしまう。相手の時間をもらっているからには、最低限の配慮として短時間で効率よく聞くことを優先しようとしがちである。一方で、それによって一方的に相手から情報をもらう時間になると、相手にとっては新たに得られるものがなく、ただ時間と情報を渡すだけの時間になってしまう。

そこで

話を聴く際には、情報をもらうだけではなく、相手の役に立ちそうな情報もお渡しすることで、その会話自体が双方にとって意義のある豊かな時間になるようにする。まず、インタビューのお願いをする際には、なぜ自身が行う研究や調査において、その人に話を聞く必要があるのか、《あなたである必然性》を説明する。そのうえで、インタビューの際には、話を聞く中で相手の役に立ちそうな情報を思い出したら、それを共有する。たとえば、話の内容に関連する別の地域での事例や国際的な動向をシェアしたり、相手の話に新たな意味が付与されるような情報をシェアしたりする。あくまで聞くことを中心にしながらも、自分の理解や経験、知識から浮かんできたことは伝え、双方向のやりとりをする。

その結果

インタビューの時間が双方向な視点の交換になると、地域の人にとっても「話してよかった」と思える時間になる。また、双方向的な会話だからこそ、浮かんでくる新たな情報やアイディアにも出会えるかもしれない。こちらからも情報をお渡しすることで、研究者としてどのような意図や思いを持っているのかを知ってもらえる機会にもなる。

No.10

雑談の中の本音

ぽろっと出てくる声を拾う。

第11章　地域によりそう自然資本管理の進め方

地域のことを深く知るために、様々な人の話を聞きたい。

その状況において

インタビューなど、話を聞かせてもらうための場では、構えてしまったり、緊張したりして、本当に思っていることや考えを聞かせてもらうことができない。 深く話を聞くために、しっかりと場をセッティングしてしまうが、そのような場の設定になると、語り手も「説明する」というモードになり、リアリティが捨象されるかもしれない。また、農家さんや漁師さんなど、地域の人からすると「インタビューされる」という形に馴染みがない方も多く、それが話しやすい形式であるとは限らない。

そこで

立ち話や飲み会など、地域の人たちの日常の中にある場で雑談をしながら、ふとしたときに出てくる「本当の思い」にアンテナを立てる。 こちらが話を聞きやすいフォーマットに合わせてもらうのではなく、立ち話や、お茶会、飲み会、タバコを吸う時間など、地域の人にとって日常の中にある会話に自分が入っていく。その中では、これから進めようとしていることに対しての不安や難しさ、率直な思いなどが聞こえることもあったり、活動を進めていくにあたって踏まえるべきルールや人間関係などが聞こえてきたりすることもある。そうした本音を拾えるように心がける。

その結果

形式ばったやり取りの中では出てこないような話や気持ちを知ることができる。また、より日常に埋め込まれた情報に触れることで、地域の中のある《明文化されていないルール》や人間関係なども感じ取りやすくなるだろう。そして、地域の人にとって本当に大切なことや、リアリティのある課題に基づいて、研究や活動を設計していくための材料に出会える。

No.11

活動が続くための研究設計

長期的な活動を支える、定期的な研究成果。

第11章 地域によりそう自然資本管理の進め方

活動が地域に根付くことを目指しながら、
研究者として関わりを持ち始めている。

その状況において

地域にとって良い試みをつくろうとしていても、研究として成果が出ないと研究者としての活動の持続性が担保できず、途中で地域への関わりを断念せざるを得なくなる。 活動が地域に根付いていくまでには10年スパンの長い時間がかかるが、その間研究者として関わり続けるためには、その正当性や持続性を自分たちで示し続ける必要がある。そのためには、地域のコミュニティに認められる必要もあるが、同時に科学者のコミュニティにも認められる必要があり、研究成果を出すことや、予算を獲得することが求められる。

そこで

活動が根付くまでの期間を念頭に起きながらも、3年単位でどのような研究成果を出すことができ、そのために誰がどう関わるのかを設計する。 地域で見出された課題をもとに、研究としても成り立つものをどうつくっていくか、そのためにはどのようなメンバー構成がよいのかを考える。また、活動のプロセスの進展に応じて、研究すべき対象や必要な調査も変わってくるため、自分自身の専門分野に固執せず、活動のフェーズが変われば、そのフェーズに応じた専門家をチームに招くことで、活動の持続性を作り続ける。研究設計と共に助成金などで予算も確保することで長期間の活動を支えられるようにする。

その結果

定期的に研究成果を出し続けることで、研究者として地域に関わる正当性を保ちながら、活動が地域に根付くまで十分に関わることができる。また、最初から長く関わることを念頭に置くからこそ、じっくりと地域の人たちと深い関係性を築いていくことができる。

No.12

地域発展につながる保全

自然を守ることで同時によくなる地域課題を探る。

第11章 地域によりそう自然資本管理の進め方

地域の自然を守り活かすための活動を行っていきたい。

その状況において

地域の自然がよくなることは良いことだが、それは地域社会や経済の発展に必ずしも結び付かないものである。自然の保全に問題意識があるので、自然に関する問題を解決できれば良いと思ってしまいがちだが、一方で、地域の人がリアルに感じている課題は、農業のことや地域経済のことなど、別にあることが多い。

そこで

地域が抱えている課題を踏まえたうえで、自然がよくなることによって地域社会・経済にもたらすことのできる豊かさが何かを見出す。たとえば、それは地域の農林水産業やビジネスがうまくいくこと、観光で人が来ること、地域の伝統が取り戻されることかもしれない。どういった分野のどういった課題に貢献できるかは、地域の人のリアルな声を聴きながら、地域の切実な課題と、対象とする自然がどのように結びつくのかを探ることで定めていく。そのために、すでにつながりのある地域の人びとで集まって地域の課題を出し合ったり、地域の人が参加しやすい形で地域の将来を共に考えられる場づくりをしたりする。具体的には、「生き物（自然）を語ろう」ではなく「地域の今とこれからを語ろう」というテーマで集まる場を設けて、地域の人が一緒に考えたいと思える場をつくる。

その結果

地域ですでに顕在化している課題に沿って、自然を保全する意義を位置づけることができる。また、その過程での対話を通じて、地域の人に対して環境のことについて考えてもらえるきっかけになる。

No.13

地域の価値をあげる学術発表

研究者だからこそできる貢献。

第11章 地域によりそう自然資本管理の進め方

対象となる地域で、研究活動をしている。

その状況において

地域の未来に貢献することを目的に活動はするものの、研究のアウトプットに関しては一方向的にデータをもらうだけになってしまう。調査内容は保全活動に活かしていくものの、研究結果に関しては直接還元しやすいものでもない。一方で、地域の人からすると研究結果がどうなったのかがわからないと、一方向的に手を貸しただけの体験で終わってしまうかもしれない。

そこで

地域での調査結果や事例を学術発表することで、研究者という立場でも地域の未来に貢献する。関わるからには、その地域をモデルにするという意気込みを持ち、論文や書籍のような成果を出したり、学会で発表する。また、基礎的な資料や論考は、地域の博物館紀要へ投稿する。他にも、地域で研究発表会やシンポジウムをさせてもらうことを通じて、研究的観点から見た新たな価値を提示したり、地域の取り組みと国際動向のつながりを示したりすることもできる。

その結果

地域の取り組みが発表されることで、それがその地域にとっての付加価値となり、リソース（人や資金）が集まりやすくなる可能性がある。また、地域内で研究発表を行うことで、研究者としての視点で語られる地域の価値や可能性を知る機会が生まれ、地域の人にとっても新鮮な発見になり、喜んでもらうことができる。また、博物館紀要などへの投稿は、地域の財産となり、地域の価値を高める。

No.14

きっかけづくりのシンポジウム
地域が主体的に動き始めるきっかけをつくる。

第11章　地域によりそう自然資本管理の進め方

調査も進み、地域の中で活動を行っていこうとしている。

その状況において

長期的には地域の人たちが主体となる必要がある中で、一部の人で活動していると内輪にとどまってしまい、地域としての活動に発展していかない。 地域に根付く活動になっていくには、地域の人にとっての自分事にしていきたい。しかし、あまり関わりのない地域の人からするとこれから何が行われようとしているのかがわからず、不信感を抱いたり、参加の余白を感じづらかったりする。また、活動を進めるための重要な関係者は複数いるが、それぞれ別の動きをしていることもあり、同じ席で話す機会を持てず、一体感をつくりにくい。

そこで

「シンポジウム」という立て付けを取ることで、様々な人たちが立場を超えて集まりやすい機会をつくり、その場で研究者として認識している課題や目標を共有する。 地域にひらかれた形で、広く一般の人も参加できる場にしながら、たとえば、首長や議員、事業者、教育機関、地元の研究者など、これからの活動において重要な関係になりそうな人にも声をかける。その中で、これまでの調査で見えてきた結果を発表し、研究者として感じている危機感を共有する。そして、まちの未来や経済とどのような関係があるかも含めて説明をすることで、なぜそれが地域にとっての課題なのかを伝える。

その結果

活動が関係者だけに閉じられた内輪のものにならず、公にひらかれたものとして認識されるようになる。また、首長や自治体職員など、直接話すチャンスを持ちにくい人でも、シンポジウムのようなパブリックな場には足を運んでくれる可能性がある。結果的に、要となるステークホルダーが出会い、足並みを揃える機会にすることができたり、思いを同じくする仲間と出会えたりする。

No.15

根底にある共通点

「地域を良くしたい」という共通の思い。

第11章　地域によりそう自然資本管理の進め方

活動に関わる人々で話し合いを進めている。

その状況において

会議の場では、所属する組織や置かれた立場に基づく発言が主となり、形式的な議論に留まってしまう。会議として集まる際には、個人のパーソナリティよりも所属や役割に基づいて発言されることが多い。そうした立場上の発言だけでは、踏み込んだ話し合いができなかったり、想定する時間軸や価値を置くポイントがズレてしまったりする。また、話を進めるうえで、「賛成」や「反対」といった立場を表明すると、目の前のトピックへの意見の違いで揉めてしまいがちである。

そこで

一歩引いて、メンバーが共有している大きな方向を再確認し、意見の違いの奥で共通している思いに目を向ける。たとえば、反対意見でも「地域を良くしたい」という思いは共有しているはずである。また、批判的な意見を持っている人も、見方を変えれば地域に対して熱意を持っている人と捉えることもできる。「地域を良くしたいという思いは同じですよね」とあえて言葉にしてみんなで共有することも良いかもしれない。50年後の未来など、長期的な視点で「どういう地域にしていきたいか」を語り合うことで、自分たちの力をつなぎあわせる思いを明確にすることもできる。

その結果

方法や考え方が違っても、向かっている方向が同じであるという前提を共有することで、建設的に議論を進めていくことができる。

No.16

違いの相互理解

重なりと違いを知ることで、協働しやすくなる。

第11章 地域によりそう自然資本管理の進め方

コアなメンバーが集まり、活動を始めようとしている。

その状況において

共通認識があるという前提で集まっているので、それぞれの立場ごとの違いが見落とされてコミュニケーションの齟齬が生まれてしまうことがある。「自然が大事」と思っている人同士であれば、同じ感覚を共有していると思ってしまう。しかし、同じ思いを持っていたとしても、人や団体によって、目的に向かうためにとる手段や、活動に期待することは異なるものである。

そこで

はじめに相互理解のための期間をたっぷりと取り、それぞれがどのようなスタンスや考え方で、何を大事にしているのかといった「違い」を知り合う。たとえば、人や団体ごとに自分の目標や大事にしていることを紹介し合う機会をつくる。会議の際には、最初にポストイットにそれぞれの意見を書いてから発言の時間を取るなど、ひとりひとりの意見が一言でも場に出てくるように工夫する。生物多様性とくしま会議（第9章参照）の場合は、活動の初期の3〜4ヶ月は、月に1回ワークショップを開催し、それぞれの団体の取り組みや実現したいことの紹介をする時間をつくっていた。そのうえで、多様な団体が集まっているからこその違いと、ともに目指している未来についてともに対外的に発表する機会をつくっていた。

その結果

共有している部分は何で、異なる部分は何かが明確になる。違いがあるからこそ、一人や一団体ではカバーできないことを実現できる。違いがあることはネガティブな要素ではないと知ることができる。

地域によりそいながら自然資本管理を進めるためのパターン・ランゲージ

No.17

考えるための素材

一つの材料としてのアカデミックな視点。

第11章 地域によりそう自然資本管理の進め方

活動を進めていくにあたって、
地域の人と意見交換をしている。

その状況において

調査で得られた知見や、研究者としての視点を伝えることで"先生"になってしまうと、地域の人の主体性を奪ってしまうことになりかねない。 専門家としての発言は、意図せずとも権力を持ってしまいがち。そのことに気がつかず提案してしまい、自分が感じているより強い主張として受け取られてしまう。

そこで

お渡しする知見や視点は一つの視点にしかすぎないということを強調し、地域のこれからの考えを進めるための材料として地域の方に活かしてもらう。「学術的な観点としてはこうです」と、これが唯一の正解ではないということを強調したうえで、情報提供する。また、地域ですでに行われている活動を補強するような国際動向や理論を共有したり、他地域の事例を共有することでこれまでの文脈を活かしたうえで、新たな発展につながるようなきっかけとしてもらう。そのうえで、あくまでも地域のことを決めるのは地域の人たちであるため、それを受けてどう感じたのかや、考えたことを常に聞くようにする。

その結果

それぞれが今いる思考や活動の地点から一歩を踏み出すことを後押しするような情報として活かしていくことができる。

No.18

活動を進めるための組織体

力を合わせて動くための器をつくる。

第11章 地域によりそう自然資本管理の進め方

活動を対外的に進めていこうとしている。

その状況において

関心がある人が集まって活動をしているだけでは、実績や信頼が積み重なっていかず、自治体など外部からの支援も受けにくい。団体として存在していないと、周囲から認識しにくいうえに、活動実績が積み上がっていかない。また、外部からのサポートなどを得づらい状況になってしまう。

そこで

周囲から一つのまとまった団体として認識される状況をつくることで、有志の集まりではなく、組織として行動できるようにする。一般社団法人やNPO法人、任意団体でもよいので、団体として動ける状態をつくる。自治体や他のセクターとやり取りをする際も、個別でするのではなく、団体として意見を集約して、コミュニケーションを取るようにする。

その結果

周囲から一つのまとまった受け皿として認識されることで、自治体や他団体との対話の窓口になったり、仲間や助成金、情報など様々なリソースが集まりやすくなる。

No.19

実現のための勉強会

同じ目線で議論するための下準備。

第11章 地域によりそう自然資本管理の進め方

共に活動するメンバーが集まり、
これから動き出そうとしている。

その状況において

いざ議論をしようとしても、人によって見えている景色や持っている知識がバラバラで、足並みが揃わない。バックグラウンドが異なると、前提とする知識や経験が異なるが、そうすると同じ目線で議論することができない。一般的に、様々な人が立場を超えて集まると、前提となる共通のプラットフォームや共通言語がないものである。

そこで

必要なテーマに沿った勉強会を開催することで、自分たちの活動を補強する知識や情報を学びあったり、講師として専門家を呼んで、活動の基盤となる知識やつながりをつくる。たとえば、活動に関連するテーマに関しての勉強会をしたり、前提となる法律のことなどについて学び合ったりする。また、これからの活動のために、重要なキーパーソンとなりそうな専門家をお呼びして勉強会をひらくことで、知識だけでなくつながりもつくる。

その結果

一緒にインプットする機会を持つことで、共通認識を持つことができる。また、専門家とのつながりを得ることもできる。勉強会が口実になって集まる機会にもなる。

No.20

実感を得るための視察

現場を見ることで「できる」と思えるようになる。

第11章　地域によりそう自然資本管理の進め方

様々な立場の人と共に、実践に向けた議論を進めている。

その状況において

メンバーごとに経験や知識は異なるうえに、人によってはこれまで実践したことのない試みであるため、目指す方向のイメージを全員で同じように持つことができない。自分の中では過去の成功事例やうまくいくシミュレーションができていたとしても、経験したことがない人にとっては、自分たちの地域で実行できるのか、効果があるのか、ということについて前向きな印象を抱くことは難しいものである。

そこで

活動を共にする人たちと、似ている事業規模で良い取り組みをしている地域に一緒に視察にいく。その際、ただの旅行にならないように、課題を共有したうえで「知りたい」という欲求を持ったうえで現地に行く。視察先では、実際に取り組みに関わる人々と交流をすることで、自分たちもできるイメージを持てるように詳細にお話を聞く。そのうえで自分たちの地域に当てはめるとどのようなことがいえるのか、どういった可能性があるのかを移動中のバスや食事の場で話し合う。

その結果

似たような地域が、どんな目線を持ち、どういった思いで活動してきているのかを知れることで、自分たちのケースを考えていくうえでの材料となる。"確かにやっている"という現場を見て、実感を得られることで今後の実践に向けての弾みがつく。

No.21

応えることから

一緒に取り組みたいことがある人が
大切にしていることを応援する。

第11章　地域によりそう自然資本管理の進め方

他の団体や人と一緒にやりたいことがある。

その状況において

「どう巻き込むか」という思考になってしまうが、巻き込む・巻き込まれるの関係では、お互いに自分の取り組みで手一杯なので、うまく関わることができない。活動を広げていくときには、「誰をどう巻き込むか」という思考になりがち。しかし、各々、自分たちのやり方で自分たちのやりたいことがあり、誰かの取り組みに合わせるのは何となく嫌だと思ってしまう。

そこで

一緒に活動したい相手が何を大切にしていて、どんなことに取り組んでいるのか聞いて、応えることから始める。自分の活動に参加してもらえるよう声をかけるばかりでなく、誰かが声をかけてくれたときに、相手の大切にしたいことを尊重する形で応える。声をかける時も相手が何を大切にしているのかを慮りながら進める。たとえば、教育機関と何かをしたいときには学校要覧を、自治体と何かしたいときには町の基本計画を読むなど。そのためにも、他の方が企画している場にも積極的に飛び込んでいく。

その結果

相手に関わってもらうことばかりを考えるのではなく、こちらから先んじて一肌脱ぐことで信頼関係を構築していくことができる。また、一緒にひとつの活動に取り組むことで、重なりや違いもより深く理解することができるため、今後、共に活動していきやすくなる。

No.22

具体的な紐解き

一人一人の所に足を運んで説明し、
「なんとなくできない」を解いていく。

第11章　地域によりそう自然資本管理の進め方

活動を進展させていくにあたって、
関係者に協力を依頼している。

その状況において

「自分はいいけど、誰々さんがいいと言わないと思うよ」など、なんとなくできないという反応を受けて、立ち止まってしまう。新しい取り組みに対して、悪くは思っていなくても、自分以外の人が賛成するかわからない時には、どうしても及び腰になってしまうもの。また、わざわざ自分以外の誰かを説得してまで進めようと思ってくれる人はほとんどいないものである。そのような中で、なんとなくできない空気が蔓延してしまう。

そこで

反対しそうだという人に会いに行って、話をして、その懸念を晴らしたり、変更するべきことがあれば対処することで、「なんとなくできない」を解いていく。話をする中で「あの人がどう言うか分からない」といった類の話が出てきたら、その名前の出た人のところに説明しにいく。「難しい」と言われたら、具体的に何が難しいのか、誰がダメだというのかを深掘りして尋ね、懸念点を解消したり、名前が出た人のところに説明に行ったりして、一つひとつ具体的に心配事を減らしていく。

その結果

憶測で止まらずに、「できなさそう」「ダメなのでは」を一つひとつ具体的に紐解いていくことで、どこにアプローチをすれば良いのかがわかり、袋小路に陥らずに、進展への糸口が見つかる。また、自分の情熱を直接伝えることで、協力してくれる人が見つかるきっかけにもなる。

No.23

「あなた」である必然性

大切なお願いは直接伝える。

第11章 地域によりそう自然資本管理の進め方

地域で自然を守り活かす活動を進めるために、インタビューをお願いしたり、ボランティアを募るなど、協力を依頼しようとしている。

その状況において

広く募集をしたり、定型文でお願いをすると、お願いを受け取る側は「自分でなくてもよいかもしれない」という気持ちが湧いてしまう。多くの方に声をかけようと思うと、そのプロセスをなるべく効率化するために、公募したり、定型文でお願いしたりしてしまう。一方で、お願いする側の思いに触れないと、お願いされる側も自分ごとにはならず「協力したい」という気持ちになりづらい。

そこで

なぜ他の誰でもなくあなたである必要があるのか、その理由や思いを説明して、お願いする。たとえばインタビューのお願いをする際には、なぜ自身が行う研究や調査において、その人に話を聞く必要があるのか、その必然性をしっかりと説明する。活動を面白がってくれそうな人、仲間になってほしい人、一人一人に「あなたとこんなことがやりたい」という提案をする。広く公募してドアをひらいておくことは重要だが、それだけでは人は入ってきてくれないので、知人の中で、その人自身の興味とも重なりそうな人や、活躍できそうな人に、直接手紙やメールを送る。

その結果

お願いを受け取る人にとっては、なぜ自分である必要があるのかが伝わるので、納得感を持って協力するかどうかを検討することができる。公募で多くの人に声をかけるよりも、少人数に深くお願いを届けられるので、関わってもらえる可能性が高まる。

No.24

広がりの予感

価値を共有して、役割を担ってくれそうな
人との関係性を大切にする。

第11章　地域によりそう自然資本管理の進め方

240

地域の自然を守り活かす活動を進めていくにあたって、ステークホルダーが関わり合って活動を進めてきている。

その状況において

同じメンバーで活動していると、フェーズを変えたい際に視点やスキルの限界から行き詰まってしまうことがある。 活動を進めるにつれて取り組むべき事項は変わっていくものである。活動のフェーズが変わるとそれに応じて関わるべきステークホルダーも変わってくる。活動に必要なスキルや専門性が、現在のメンバーや関係者で十分とは限らない。

そこで

これから活動がどのように発展していくのかを想像し、そのためにつながりを持っておくと良さそうな人と話をする機会を先回りしてつくっていく。 地域の中で活動が根付いていくために、コミュニケーションが必要になりそうなステークホルダーを想像し、その立場に関係する人を会議や飲み会の場にお招きする。また、活動の発展に伴って必要な専門性が求められることになりそうであれば、前もって活躍してくれそうな人に声をかけておく。

その結果

取り組みに馴染んでおいてもらうことで、実際に関わってもらいたいときに説明がスムーズになったり、理解してもらいやすくなる。

No.25

実例をつくる

「すでにある」という説得力。

第11章　地域によりそう自然資本管理の進め方

自然を守り活かすための活動に、自治体や事業者、地域の人に主体的に関わってもらえるようにしていきたい。

その状況において

「こういう枠組みや取り組みはどうですか」と提案するだけでは、具体的にどうすると良いのかイメージができず、話が流れてしまう。 地域の自然の保全・管理のことなので、町や事業者、地域の人にも主体的に関わってもらいたい。しかし、前例がない試みの場合は、検討に要する事項が多すぎて判断に時間がかかったり、腰が重くなってしまいがち。特に自治体は、公共的な存在だからこそ、リスクを取りづらく新しいことを試してみることのハードルが高い。

そこで

自分たちの手でできることは小さくても良いので実践し、「具体的にはこういうこと」という実例をつくり、それとともに提案する。 たとえば、市民教育の場が必要だと提案するのであれば、実際に市民講座を運営し、その具体的な取り組みやそこから得られた学びとともに提案する。

その結果

かかるコストや時間など、具体的に活動のイメージを持つことができるため、可否の判断をしやすくなる。これを前例にしてもらって、次年度の予算組みや、計画を立てることに活かしてもらうこともできる。

地域によりそいながら自然資本管理を進めるためのパターン・ランゲージ

No.26

小さく始める

後戻りできる規模感。

第11章　地域によりそう自然資本管理の進め方

実際に自然に手を加えようとしている。

その状況において

手を加えた後の自然からのリアクションをすべて予想することはできないないため、手を加えること自体のリスクやそこに予算を投じるリスクを考えると二の足を踏んでしまう。 自然は複雑であり、不可逆な存在である。そのため土木工事など、大きく手を加える働きかけをした場合には、後戻りできない懸念がある。また、大きな資金をかけてもあまり効果がないこともあり、その場合は関わった人の信頼を失いかねない。

そこで

自然への影響も、かかるお金も、小さい範囲でまずは始めてみる。 小さい範囲で始めるにあたっては、「後戻りできるかどうか」ということを一つの判断基準にする。また、「やるからには大きなことをやり遂げよう」といきなり大々的に計画を立てがちだが、そうではなくて、まずは今ある人的・経済的リソースで行えるようなアプローチから試してみる。

その結果

小さくても試してみることで、そこから見えることがあり、それを手がかりにまた次の一歩を考えることができる。また、少しずつ軌道修正を行いながら、堅実に活動していくことができる。結果的にそのやり方がうまくいく場合は、低コストで持続的に行える小さな自然再生技術となる。

No.27

定期的な見直し

柔軟に変えることは、これまでを否定することではない。

第11章 地域によりそう自然資本管理の進め方

活動の経過にともなって、自然の状態をモニタリングしているが、思うような変化が生まれていない。

その状況において

「ここで計画を変えてしまうと失敗になる」と感じてしまうと、たとえ今うまくいっていなくても、当初の計画に固執してしまう。何かを実行するには最初に計画を立てるものであり、立てたからには着実に遂行しようとしがちである。また、一度入念に立てた計画を途中で考え直すことは非効率だと思ってしまう。

そこで

見直しを行うことも計画に織り込んでおくことで、自然の応答を踏まえて、定期的に手段や目標そのものを見直すようにする。これまで進めてきたこととその結果をこまめに振り返り、良いところと改善すべきところを見つめ、必要に応じてやり方をどんどん変化させていく。また、はじめから見直しの時期を決めておいて、立てた目標に近づいていなければ、やり方を変えてみる、やめる、など、次の一歩を検討するようにする。このように、人間が決めたプランに固執せず、自然の応答を見て人間の側も適応していく。

その結果

見直しを行うことを前提にモニタリングを行うことで、現状に基づいて、その後に取ることのできる最善のアクションを柔軟に検討することができる。

No.28

ズレの解消

小さなズレはいつか大きな溝となる。

第11章 地域によりそう自然資本管理の進め方

活動や誰かに対する疑念や不満が漏れ聞こえてきた。

その状況において

時間が解決するだろうと、対処せずにいると、関わる人同士での溝が深まり活動が立ち行かなくなってしまう。 多様な人たちが関わり合っているからこそ、ちょっとした伝わり方のズレや、知っている情報の違いは生まれるものである。ただ、それが時に不信感となってしまい、少しのズレが活動全体に支障をきたすこともある。

そこで

なるべく早く、直接会うか電話などで話を聞いたり、誰かにあいだに入ってもらうことで状況を整理して、疑念を解消できるように試みる。 メールなどではなく、直接話せる方法を優先する。メンバーの誰かに不信感を持っている人がいた場合、じっくりとその人の話を聞いてみて、不足している情報を伝えることで、理解を深めたり、誤解を解いたりできるように働きかける。

その結果

情報の格差やズレを認識したり、それぞれが改めて思っていることを腹を割って話すことで、完全には疑念が解消されなくとも、改善につながる。また、こうした姿勢を持ち続けることが長期的に活動が続いていく土台となる。

No.29

資本としての自然

地域全体で自然からの恩恵を
感じられるようにする。

第11章　地域によりそう自然資本管理の進め方

自立的かつ持続的に、地域の自然を守り活かすことを目指して活動を続けている。

その状況において

市民主体のボランタリーな取り組みでは、どうしても息切れして活動が途絶えてしまう可能性がある。 市民主体ではじまった活動が、関わる人の入れ替わりによって活動が難しくなったり、持続的に資金を確保することが難しくなったりすることがある。また、自然に関わることを山や川など公共の領域にも関わるという性質上、市民主体の活動だけでは、手を加えられない領域も多い。

そこで

自然が地域の公共財であると認識され、その保全や活用が自治体の仕組みに組み込まれるように働きかける。 今行っている保全の活動が、どのように産業や暮らしとの結びついているのか《地域発展につながる保全》であることを説明することで、地域で暮らし働く人々に多様なメリットをもたらすことを認識できるようにする。

その結果

人が変わっても、世代が変わっても、重要な目的と活動が維持される可能性が高まる。長期的に動いていくことが見えていれば、長い目線で活動を設計することもできるようになる。

No.30

実現可能な協力関係

現実的な協力関係を提案する。

第11章 地域によりそう自然資本管理の進め方

持続的に活動を発展させていくために、自治体に主体を移行することを提案しようとしている。

その状況において

自治体のリソースも限られている中で、これまで行ってきたことを丸々お願いしようとしても、実現不可能になってしまう。 自治体にやってもらおうという思考が中心になると、色々とやってほしい要望が湧いてきて、現実的ではない提案になってしまう。同時に、自治体としても地域のために様々な施策に取り組んでいるため、そのまま引き受けられるとも限らない。

そこで

自分たちと自治体がどのように協力し合っていけるのかという役割分担を明確にイメージできるように伝え、それぞれの負担を減らすような提案をする。 やってほしいことだけを伝えるのではなく、自分たちの責任も明確にする。たとえば、タウンミーティングをひらく際に事務局として協力することを示すなど、自治体のリソースにも限りがあることを前提に、協力できるところを表明する。

その結果

こちらとしても責任を引き受ける形で提案をすることで、自治体としても実行に移しやすくなる。また、自治体の仕組みとして安定的に継続していくベースを持ちながら、市民として関われる余地を残していくことができる。

No.31

自治体としての宣言

地域ごとにするための、宣言の場。

第11章 地域によりそう自然資本管理の進め方

市民や研究者で発展させてきた取り組みを正式に自治体が引き受けることになった。

その状況において

地域としての活動に位置付けられたことを、自治体担当者だけではなく、住民も認識していないと、関わる人が限定されてしまう。 自然は地域の資本であるため、住人にも認識してもらいながら町全体の動きとしてやっていきたい。そのため役割を移管しても、うちうちでやってしまうと、そのことを知る人は限られ、インパクトが薄れてしまう。

そこで

シンポジウムなどの公に集まる場を準備し、その中で自治体が主導して行うことを宣言できる場をつくる。 たとえば、オフィシャルなイベントを企画し、その場で首長に今後の方針を表明してもらう場をつくるなどする。なるべく地域にひらかれた形で行い、メディアなども招待できる場合は、お招きするとより広く伝わりやすい。

その結果

正式に自治体が引き受けることが宣言されることで、町全体の保全活動として意識づけることができる。

No.32

総合計画への組み込み

地域の未来をつくる計画の一部に。

第11章 地域によりそう自然資本管理の進め方

市民や研究者で発展させてきた取り組みを正式に自治体が引き受けることになった。

その状況において

担当者や首長が変わった際に、これまで積み上げてきた協力関係が崩れてしまうことがある。自治体の仕組み上、担当者や首長は定期的に入れ替わってしまうものである。そのため、現在の担当者や首長と信頼関係を築いてきていたとしても、担当する人が変わることで、自治体としての方針や取り組みは変更になってしまうことがある。

そこで

自治体の文書や政策に組み込まれることを目指し、持続的に自治体の活動として取り組んでいけるようにする。具体的には、まちの総合計画に組み込まれることを目指すなど、何らかの政策の中に組み込まれていくようにする。その際、未来の活動をイメージし、市民の力を引き出せるものになるように布石を打つつもりで計画する。

その結果

担当者や首長が変わっても、地域の活動の一部として継続的に自治体の仕組みとして残っていくことができる。また、自治体の文書や政策に位置づくことで、思いのある市民も活動しやすくなる。

No.33

ひらかれた活動記録

応援しやすく関わりやすい活動の履歴。

第11章 地域によりそう自然資本管理の進め方

新しい人に活動に関わってもらいたい。

その状況において

新しいステークホルダーに関わってもらおうとすると、これまでの実績や信頼が必要になり、それが伝わらないとうまく意義を伝えきれない。これまで行ってきた地道な活動の積み重ねも、身近な仲間以外には伝わっていないことも多い。また、長く活動を続けていると、人が入れ替わるなかで、文脈が失われてしまうこともある。

そこで

初めて話を聞く人にとっても、これまで取り組んできたことの積み重ねが伝わるように活動をまとめておく。 実績がわかるように、どのようなステークホルダーと共にどういった活動をしてきているのかを年ごとにまとめる。また、当初から活動に参加していなかった人でも「これさえ見ればすべてわかる」という状態になるように関連する資料を保存しておく。他にも、大きな提案を行う時は、あえて注目が集まるような形で行うことで、将来的に誰もが参照できるワンシーンにするのもよい。たとえば、提案書を渡す際には、担当者ではなく首長に手渡すことや、その際にメディアの方を招くといった段取りをするように心がける。

その結果

参照できる資料や写真があることで、理解や納得を得られるスピードが高まりやすい。また、これまで積み重ねてきた取り組みや思いも共有することができ、今後の広がりを考えるための足掛かりとなる。チームの中で「これだけやってきたよね」と振り返り、祝い合うことでメンバーのモチベーションにもなる。

No.34

続けていける設計
休んでもよいというゆとりを持つ。

第11章 地域によりそう自然資本管理の進め方

活動で良い成果を出したいと考えている。

その状況において

目標を達成しようと思って頑張りすぎて、ある時心が折れてしまったり、一部の人に負担が偏ってしまって続けて行けなくなる。ボランタリーに活動を続けている場合、誰かの熱意ありきで活動が成り立っていることがある。そのような中、活動の内容と日々の仕事との重なりが少ない場合は、一時的には取り組めても、続けていくハードルは高い。また、やるべきことを大きく設定してしまうと、忙しくなったり、他のこととの兼ね合いで状況が変わった際に辛くなってしまう。

そこで

小さくても、不定期でも、継続していくことに重きを置き、身の丈で続けていける設計にする。足元にある現実的な労力やコストを元に、等身大のリソースで続く活動の形を模索する。たとえば、調査を継続的に続けていきたい場合には、正確で複雑なデータを取得し続けることよりも、少し粗い情報でも、誰でもがモニタリングに携われるようなツールや仕組みを構築する。

その結果

打ち上げ花火のように盛り上がって終わるのではなく、続けることで、日常の中に自然を守り活かす視点が持ち込まれるきっかけになる。

No.35

後押しとなる資金補給

「予算」は走り続けるための燃料になる。

第11章　地域によりそう自然資本管理の進め方

自主的な活動から次のフェーズに進めていきたい。

その状況において

今あるリソースの中で活動を設計していると、新しいことに取り組んでいくための広がりを生み出せない。これからのことを考えようとした時に、今あるリソースを前提に今後の計画を検討してしまいがちである。また、活動を続けていくにあたっても、楽しさややりがいなども重要な要素だが、実際に資金が必要になる場面で誰かが身銭を切っている状態では負担が大きくなってしまう。

そこで

日頃から「次にこういうことができたらいいね」ということを思い描きながら、資金を獲得する方法を模索する。助成金のまとめサイトをチェックして、自分たちの活動に合いそうな助成金を探し、チャンスがあれば応募するようにする。また、クラウドファンディングの仕組みを活用してみるのもひとつである。

その結果

資金を獲得することは、単に活動を支えるということにとどまらず、ポジティブな責任が生まれ、活動の推進力にもなる。また、申請のための書類などを準備する過程で、自分たちの活動の目的や意義を改めて考える機会にもなる。

No.36

新しい担い手

未来へ橋をかける
新たな人と自然の関係性。

第11章 地域によりそう自然資本管理の進め方

地域のより良い未来に向けた広がりを
生み出していきたい。

その状況において

最初から関わっている人を中心とし続けていると、活動に一定以上の広がりが生まれてこない。これまで活動してきた中で、地域の中に《資本としての自然》という認識が生まれてきたとしても、それだけでは地域経済の発展につながる形で活かしていけるとは限らない。また、地域への経済効果から考えると、すでに地域の中にある自然資本を活かすより、工場や商業施設を誘致するといった方向性に話が向かってしまう。

そこで

地域の中で、様々な人が自然資本を活かしていくことを促進するために、新しい担い手を見つけて手を結んでいく。これまで関わっていなかった市民や事業者にも検討の場に入ってもらい、新しいビジネスや地域の魅力を検討するきっかけにしていく。また、当たり前に地域に存在していたものに、自然の恩恵という新しい角度から光を当てることで「じゃあ地域でこんなことできるかも」と発想できるようにする。たとえば、恩納村ではサンゴ礁（第4章）、佐渡市ではトキ（第5章）、金武町ではマングローブ（第8章）を、守りながら活かしていくことで地域に恩恵をもたらすように産業が変容・発展してきている。

その結果

自然資本がもたらす恩恵が地域の未来をより豊かにしていくことにつながりやすくなる。そうしてできた地域と自然の新しい関係性は、これからの町のシンボルとなり、自然が保全されながら、地域社会が発展していくための契機となっていく。

おわりに

超学際とはこういうこと　　大元鈴子

　いままで制作に関わった本のなかで、この『自然によりそう地域づくり―自然資本の保全・活用ための協働のプロセスとデザイン―』ほど中身や構成の変更を繰り返し、当初の計画通りにいかなかったものはなかった。ネガティブな意味ではなく、編者や著者同士また執筆・校正中にも活動現場の関係者とのやり取りを繰り返し、みんながどのように自然資本と地域に向き合っているのかをできるだけ正確にとらえ、なおかつ、どうしたら読者に伝わるかを検討し続けた結果、そうなった。

　学際とか超学際とかいわれる研究活動にいくつか参加してきて、この本の元になった研究プロジェクトほど、研究分野のまったく違う人に対して「なんで？」と気安く聞ける機会はなかったように思う。専門的な知識や知見のほかにも、なんでその地域と活動にかかることになったのか、なんで継続できているのか、なにがこれからも続けようとするインセンティブなのか……。

　そのなかで、私自身がどのように自然をとらえていて、どのような方法で自然と関わっている人達や地域に惹かれるのかという、自分の立ち位置や興味もはっきりした。一次産業が生態系サービスを享受しているという考え方はもう古く、生産活動を継続することが自然再生であり、さらには、地域課題の解決にもつながるという取り組みがすでに存在している。そんな生産活動からうまれるおいしいものの背景やそのストーリーを生活者まで伝える方法について、これからも実践と研究の両方からみていきたい。

目をひらかされた現場の知見の数々　　鎌田安里紗

　自然を守り活かすことで、地域と、そこに暮らす人々の日々を豊かにする。そんな実践を試みてきた人々の知見をパターン・ランゲージのかたちでまとめるために、わたしは本プロジェクトに携わることとなった。一般にイメージされる「自然を守る」取り組みは、どちらかというと人間の活動を制限し、ピュアな自然を保護する、というものだろう。しかし、お話を聞かせてもらった方々は、地域社会とそこに暮らす人々をまっすぐに見つめ、人間と自然の双方がよ

り良くなる仕組みをつくる方法を模索していた。地域で暮らし働くひとりひとりが何を大切にしているのか、何を大変に思っているのか、そのことを知るために様々な工夫を重ね、そこから見えてきたことをもとに、取り組みを考えていく。どうすれば、地域の自然を活かして、地域を豊かにしていくことができるのか、実践と検討が繰り返される。その試行錯誤の中で蓄積されてきた数々の知見に、わたしは目をひらかれる思いだった。インタビューを通して聴く現場に根差したいきいきとした語りを、できる限りその質感を逃さずに記述して、共有したいと思いながらパターン・ランゲージをまとめていった。本書で示してきた内容が実効的に役立ち、各地での活動が育まれていくことで、社会全体の変革につながっていく、その一助となることを期待している。自分自身もそのうねりの一部として実践に携わっていきたいと思う。

多様な思いがおりなす"自然とよりそう"未来へ　　田村典江

　地域でいとなまれる自然によりそい自然を守る活動には、「希少種を守るため」、「地域の景観を維持するため」、「新たな地域資源を生み出すため」といった目標が掲げられているかもしれない。だがすべての活動が、最初からそのように明確な目標とともに活動が立ち上がるわけではない。それぞれの活動の奥には様々な思いがあり、紆余曲折がある。そして本書で取り上げた事例では、研究者も利害関係者の一人としてこれらの活動に関わっている。

　現代において、研究者の役割とはなんだろう。特に、自然と人間の関わりに目を向けるような領域において、研究者はなにができるのだろうか。変化が速く未来の見通しが立たない人新世には、客観的で中立な科学知が自動的に解決策を提示するような、単純な問題は残されていない。世の中を変えるためには、研究者もまた、ひとりのアクターとして、自身の価値を反映して、現場の実践に関わることを迫られる。そしてそれは、社会貢献や地域貢献ではなく、新たな研究のスタイルというべきだ、と私たちは考えている。このような考え方は本書で解説した「超学際」という研究の潮流に影響を受けているが、それだけではなく、事例に関わって進んできた研究者である私たちチームでの議論を通じた実感であり、若い研究者のみなさんへのメッセージでもある。

　本書では、現実にある事例について、その背景にある過程に目を向け、ひとことでは表現しきれないあれこれを描くことに挑戦した。関わる人々はそれぞれに、異なる思いや意図をもち、時には対立や葛藤を含みながらも、それらを

包摂して前に進んできた。本書に描かれた各地の事例や、事例から生み出されたパターン・ランゲージが、同じような思いを持つ読者が一歩踏み出すためのきっかけとなればいいなと願っている。

プロジェクトから得たもの　　鎌田磨人

　地域に入り込み、そして、10年以上の時間をかけて地域の人たちとともに自然資本を活用しながら保全していくための協働のプラットフォームを形成し、活動を創出・展開し、そして、行政施策に落とし込むということをやってきていた僕は、いわゆる研究に費やす時間と同じくらい、あるいはそれ以上に活動のマネジメントに時間と労力を費やしてきた。その活動展開のプロセスを単なる事例として示すのではなく、多くの人に使ってもらえるようプロセス・デザインのあり方として提示したいと思っていた。

　その手法を考えあぐねていた僕は、いろいろな機会をとおして、同じ"匂い"がする研究者・専門家をみつけては声をかけ（あるいは声をかけられ）、プロセス・デザインのあり方を示すことで意見交換を行う場をつくってきた。それが、景観生態学、環境計画学、保全生態学、認証地理学、資源管理施策論、自然環境政策論、パターン・ランゲージといった多様な研究者・専門家が集い、互いの活動を評価し合うためのプラットフォームとなった。"似たものどうし"とは、いるものだ。専門分野もやってきたことも違うのだけど、背後にある思いや、活動するうえでの苦労・楽しみを共有することは簡単だった。僕たちの分野で持っていた言葉では表現できなかった「現場で活動を進めるうえでのコツ」は、パターン・ランゲージという言葉で浮き上がらせてくれた。このプロセスは本当に楽しいものだった。小規模ではあるけれど、互いに信頼しあえる異分野研究チームを創り上げられたこと、これが成果の一つであり、今後の「超学際」の展開の糧になっていくものだと思う。皆さん、ありがとうございました。

索引

生物名

アマモ　36, 45, 56-57
糸モズク　38, 46-47, 56
海ブドウ　42, 56
オニヒトデ　38, 45, 51, 57
コウノトリ　68, 71, 78
ササユリ　112
トキ（Nipponia nippon）　59
マングローブ林　126-138, 140, 145-148
モズク　36-41

地域の組織・施策

赤土流出防止対策協議会　43
井ゲタ竹内　46
エコアイランド佐渡　66
NPO法人西中国山地自然史研究会　104, 107-109, 120
NPO法人飛雄ツーリズム　127
億首川環境保全推進連絡協議会（連絡協議会）　128, 135, 137, 145-146, 149
億首川周辺マングローブ保全再生・活用基本計画　128, 137, 147
億首川マングローブ保全・活用推進協議会　13, 128, 130, 137
恩納村環境保全条例　38, 42
恩納村漁業協同組合（恩納村漁協）　36-39, 42-55
恩納村コープサンゴの森連絡会　39, 49
恩納村美ら海産直協議会　38, 48
海面利用調整協議会　42
勝浦川流域フィールド講座（フィールド講座）　164-166
北広島町生物多様性の保全に関する条例　108
京都宝の森をつくる会　82, 85
漁業被害防止協定書　43
芸地高原の自然館　104

芸北せどやま再生会議　106
コウノトリ研修　68
コウノトリ認証米　68
コウノトリ育むお米　68
コープCSネット　48
「こばのみつばつつじのトンネルを守ろう」プロジェクト　92
佐渡米販売推進会議　68
サンゴの村宣言　39, 49
シカ問題検討WG　92
自然あそび教室　83
生物多様性きたひろ戦略　108
生物多様性とくしま会議　151, 225
生物多様性とくしま戦略　13, 151
せどやま再生事業　106, 107, 114, 115
ゾーニングワーキンググループ　95
第5次金武町総合計画　126, 128, 137
宝が池座談会　84, 85
宝が池シンポジウム　85, 90-92, 96
「宝が池の森」保全再生協議会（協議会）　91-92, 96-97
宝が池連続学習会（学習会）　85, 97
朱鷺と暮らす郷づくり認証制度（トキ認証米制度）　60, 63, 66, 68-72
トキ保護増殖事業　61
ネイチャーみらい館　127
ふくらしゃや自然体験塾　127, 131, 135, 140
保護増殖事業計画　65
モズク基金　38, 48
森づくりビジョン　95

欧文

GBO5（Global Biodiversity Outlook5）　4
nature positive　4
NbS（Nature-based Solutions）　6
OECM（Other Effective area-based Conservation Measures）　6
Restorative aquaculture　50

SDGs (Sustainable Development Goals)　3
transdisciplinary　17
transition　21
wicked problem　18

あ

アイコン　77
愛着　85, 209
赤土　38, 40-45, 49-50
アクションリサーチ　10-11, 18
アクター　13, 23-26, 44, 70, 72-74, 82, 87, 89, 97, 123
安定した雇用　140
暗黙的　11, 29, 130, 207
石垣　178
インセンティブ　8, 94, 184
インターンシップ　84
インタビュー　11, 30, 169, 171, 201, 211, 213, 239
エコツアー　127
エコツーリズム　127
恩納モズク　46, 51, 54

か

海水温上昇　38, 45
回復型養殖　50, 55
海洋汚染　38
外来種　182
乖離　187
科学的　18, 78, 84, 96, 100, 209
学習会　48, 80, 82, 85, 97
撹乱　173, 179-180, 186-188
価値観　195
学会　87-88, 97, 219
活動の中心となる人　183
ガバナンス　8, 9, 22-23, 72-75, 89, 91, 98, 121-123
環境学習　107, 120
環境条件　179
環境負荷の飛躍的増大　2
環境保全型農業　13, 66-67, 72
観光（業／産業／資源）　6, 35, 42, 75, 126-129, 135-137, 146, 178, 182, 184, 197, 217

観点の曼荼羅　173
間伐　176
危機　66-67, 73, 75
気候変動　2, 21, 46
希少種対策　59
基盤となる環境　178-179
寄付　94
教育基盤　127
享受者と享受のあり方の変化　178
行政施策　146
行政との連携　146
行政と連携　154
行政の意思決定　205
協働　8, 10, 11, 44, 90, 92-93, 97-98, 100, 107, 167, 209
協働管理アプローチ　97
協働プロセス　100
漁業　35
漁業権　55
近代化　177
空間の履歴　170
クラウドファンディング　94, 129, 263
グリーンベルト　44
グローバリズム　170
景観生態学　33, 97, 170
景観生態学者　170-172
景観創出の見立てと道筋　172
景観の構造　175
景観の要素　175
景観をつくる人の営み　174
経験則　10-11, 28-31, 109, 121, 130, 152, 189
　後押しとなる予算補給　163, 262
　意見の全体像　156
　一堂に会するシンポジウム　141, 148
　一体感を生むビジョン　156
　意図のある飲み会　143, 148
　芋づる式の説明　117, 121
　思いの共有　143, 148
　思いを持つ人とのつながり　140, 148, 196
　面白さの見直し　111, 121
　会話の中での振り返り　120, 122
　形にしてからの提案　146
　活動履歴の可視化　145
　関係構築の先回り　144, 148
　基盤づくりの勉強会　158

行政事業への組み込み 165
行政プロセスの理解 158
協力関係を示す 158
暮らしとのつながり 117, 121
声を引き出す工夫 156
個人的なお誘い 118, 121
参加者視点の魅力 118, 122
軸となる文書 147
自然資源の劣化予測 141
自分の軸 114, 121-122
市民目線の課題 156
10年関わる心持ち 140
象徴的なシーン 164
進め方の目線合わせ 155
ステップアップの余地 119, 121
成功のイメージ 111, 122
先行投資としての実例づくり 164
専門家との普段付き合い 158
専門家の手助け 163
多面的な価値 113
地域にひらくタウンミーティング 162
地域のアイデンティティ 112, 122, 175-176, 208-209
地域目線での課題共有 142, 148
小さく始める 112, 121, 244
小さなズレの解消 144, 148, 248
違いの相互理解 155, 224
注意の先取り 119, 122
続けていくという前提 120, 121
馴染みのある言葉 112, 122
納得感のある対話 156
日常でできるモニタリング 143, 148
担い手にまわる機会 162
熱量の持続 118
乗ってみたい（と思える）提案 113, 121
背景課題のあぶり出し 113, 122
旗を掲げる 154
バトンタッチの場づくり 146
判断の保留 114, 121
日頃の雑談 113, 122
ふさわしい場所選び 144
文脈の引き継ぎ 147
巻き込まれることから始める 114, 121
まちにひらかれた組織体 145
まちの資源としての自然の保全 146
まちの方向性 146

みんなで1回やってみる 142, 148
やる気が生まれる目線合わせ 147
ゆるい入り口 120, 122
臨機応変な橋渡し 144
連帯感を生む共同作業 145
経済の活性化 106
KJ法 30
権威 87-88, 98
研究成果 95, 97, 131, 133, 142, 215
研究設計 215
研究発表 219
合意形成 9, 60, 100, 133, 155, 167, 191
合意形成プロセス 9, 167
耕作放棄地 176
高度経済成長期 176, 177
誤解 249
五山の送り火 93
国家政策 170
コミュニケーション 10, 31, 97, 143, 148-149, 201, 225, 229, 241
コミュニティビジネス 127
これからの人と自然をつなぐもの 182

さ

祭事 183
再導入 59, 60
再文脈化 122
在来種 182
里海 45
里海保全 47
里山 8, 13, 80, 96, 175-176
里山保全 83
サプライチェーン 39, 48, 50
山間農村 103
産業基盤 127
サンゴ礁 36
サンゴ礁生態系 45
サンゴの白化現象 38, 45
サンゴ養殖 38, 45, 51-53
山林管理 106
シカの食害 81
資金 51, 94, 107, 129, 160, 163, 219, 245, 251, 263
資源管理型漁業 45
試行錯誤 9, 10, 50, 55, 121, 189

視察　31, 68, 71, 111, 140, 147, 233
市場ベースの解決策　50
自然撹乱　180
自然環境政策　60
自然管理のルール　175
自然再興　4
自然再生技術　187
自然資本　3, 7, 12-14, 18, 28, 33, 98, 108, 127, 129, 138, 148, 189, 191, 265
自然資本がもたらす恩恵　265
自然資本管理　9, 12-14, 18, 191, 195
自然と地域の人の距離感　177
自然に対する価値観　185
自然に対する認識　185
自然に根ざした解決策　6
自然の管理　175
自然のプロセス　187
自然を保全する意義　217
持続可能性　22, 50, 55, 77
持続可能性技術　50
持続可能な開発目標（SDGs）　3
自治体が掲げる方向性　205
自治体の仕組み　251, 253
実践者　10, 30, 195
実践的研究　53
実践としての超学際　10, 24-26, 98
実践のヒント　189
自分たちの責任　253
シミュレーション　141
市民参画　158
社会関係資本　185
社会－生態システム　2, 3, 21, 170
社会変革　3, 4, 10, 23, 98
社寺林　181
重層的なガバナンス　72
循環関係　176
順応的ガバナンス　9, 121
順応的管理　112, 188
順応的に動き続ける　191
情報技術の進展　178
情報提供　227
将来像　186
食文化　176
助成金　215, 229, 263
人為改変　180
人口減少　104

人材育成　165
人新世　2, 21
人的ネットワーク　83
シンポジウム　85, 97, 141, 219, 221, 255
信頼関係　72, 191, 199, 201, 235, 257
森林の保全・再生活動　92
水産業　50
水田環境の保全　65
ステークホルダー　13-14, 100, 113-114, 145, 185, 205, 221, 241, 259
炭焼き　178
スローフード　54
スローフード・ネーション　53
生活協同組合　50
政策形成基盤　75
政策統合　60, 63
生態学的技術　187
生態系の現状把握　179, 180
生態系の構造と成り立ち　172
生態系の変化の要因　179, 181
生態系の劣化　182
生物間の相互作用　180
生物指標　132
生物多様性　6-8, 17-21, 23, 28, 133, 149, 189
生物多様性国家戦略　5
生物多様性条約　5
生物多様性地域戦略　5
生物多様性農業　74
生物多様性リーダー　165, 166
せどやま　111
遷移　81, 84-85, 96, 102, 104, 179, 181
全庁横断会議　66
草原　103-104, 106, 177, 179
相互学習　18
双方向コミュニケーション　159
ゾーニング　94

た

第一次産業　35
第一次産業の多面的機能　50
大径木化　81
体験　48, 127, 142, 176, 184, 219
対話型インタビュー　30
タウンミーティング（TM）　151, 160-162

多元的 4, 9, 12, 85, 95, 121-122
多様な価値 75
地域が向かう未来 182
地域環境再生ビジョン 65
地域固有の伝統文化 184
地域（の）自治力 75, 185
地域社会に役立つ活動のデザイン 191
地域社会の動き 172
地域通貨 106
地域としての課題認識 197
地域のアイデンティティ 175, 176, 209
地域（の）課題 77-79, 104, 216
地域の暮らし 174
小さな自然再生技術 245
地球温暖化 38, 45
地球規模生物多様性概況第5版 4
地球の限界 2, 19
超学際 17, 24
超学際研究 17-18, 23, 100
長期的な視点 223
超実践的研究 55
地理的な条件 172
鎮守の杜 181
ツールキット 12, 24
つなぎ役 71-72
手入れ 176
適度な解像度・抽象度 189
デザイン 4, 9, 12, 14, 100, 129, 167, 191, 205
転換 21
伝統 176-177, 181, 184, 217
天然記念物 61
当事者 24, 66, 113
動的（な）安定性 179-180
特定多数 50
特別天然記念物 61
土壌流出 38
トップダウン 8, 72, 164
トランジション 21-26
ドローン 100, 133

な

ナラ枯れ 81, 84-85, 96
日常 17, 24, 119, 120, 207, 213
ニッチ 22-24

ニッチ・イノベーション 22
ネットワーク 70-71, 73, 87, 89
ネットワーク構造 89
ネットワーク組織 13, 127, 153
熱量 118, 145, 183
農業政策 60, 67, 68, 70, 73-74, 78
飲み会 88, 133, 143-144, 146, 148, 199, 207, 213, 241

は

配置パターン 175
バウンダリー・オブジェクト 73-75, 184
橋渡し役 71
パターン・カード 32
パターンのフォーマット 29
パターンの様式 189
パターン・ランゲージ 11, 28-31, 33, 189
場づくり 98, 146, 217
話し合いの窓口 154
パルシステム 38, 48
ビジョン 23, 94-95, 140, 156, 158, 195
人と自然の関係（性） 170-172, 174, 177-178, 182, 184, 187, 264
人と自然の相互作用 174
人による介入 187
人の痕跡 178
ファシリテータ 98, 156
風景 175, 177-178, 183
風景をつくる人の営み 175
風習 175-176
風土 170, 195, 199
付加価値 67, 219
不信感 221, 249
フラグシップ種 77
プラットフォーム 12, 14, 72, 89-91, 97, 135
プラネタリー・バウンダリー（地球の限界） 2, 19
ブランディング 66-67, 78
プレイパーク 83-84
プロセス（を／の）デザイン 9, 12, 14, 100, 129, 151, 167
文化 170, 174-177, 184, 199, 209
勉強会 231
貿易協定 178

防鹿柵　92, 93
保護増殖　59
保全活動を支える地域の力　182
ボトムアップ　8, 14, 17, 18, 23, 26, 98
ボランティア　84, 105, 110, 117-119, 121, 239

ま

マクロな特性　174
マネジメント　9-11, 22, 129, 151, 167
マネジメントスキル　149
未来への意思　184
無機的環境　179
モズクの苗床　38, 42
モニタリング　100, 132, 142, 187-188, 247, 261
モニタリング手法　133, 187-188
問題解決の技術　30

や

役割分担　253
野生復帰　60, 62-63, 65-66, 68, 70-73

やっかいな問題　18
山焼き　104, 177, 184
やる気　47, 143, 147
養殖モズク　36, 39, 45, 50

ら

リアリティ　213
利活用　170, 172, 175-178, 182, 186, 188
リジェネラティブ　55
リストレイティブ　55
リソース　185, 187-188, 219, 229, 245, 253, 261, 263
リゾートホテル　38, 41
レジーム・シフト　21, 73
連携できる人　197
ローカルガバナンス　8
ローカル認証　49, 77-79

わ

ワークショップ（WS）　8-9, 11, 32, 85, 132, 155-157, 163, 225

編者紹介

鎌田 磨人　かまだ まひと

略歴　1990年3月広島大学大学院生物圏科学研究科博士後期課程修了。学術博士。1990年徳島県立博物館学芸員、1998年徳島大学工学部建設工学科助教授、2008年徳島大学大学院ソシオテクノサイエンス研究部教授を経て、2017年4月より現職。日本景観生態学会会長、International Consortium of Landscape and Ecological Engineering (ICLEE) 会長などを歴任。

現在　徳島大学大学院社会産業理工学研究部　教授

専門　景観生態学、生態系管理論

著書　『エコロジー講座7, 里山のこれまでとこれから』(編著、日本生態学会、2014)、『森林環境2016――特集・震災後5年の森・地域を考える』(編、森林文化協会、2016)、『景観生態学』(編著、共立出版、2022)、『図説――日本の里山』(編著、朝倉書店、2025)

大元 鈴子　おおもと れいこ

略歴　2013年Waterloo大学(カナダ・オンタリオ州)大学院Geography & Environmental Management博士課程修了。PhD in Geography。2009年海洋管理協議会日本事務所漁業認証担当マネージャー、2013年総合地球環境学研究所研究員、2016年宮崎大学産学地域連携センター講師、2017年鳥取大学地域学部准教授を経て、2024年10月より現職。

現在　鳥取大学地域学部　教授

専門　フードスタディーズ

著書　『ローカル認証――地域が創る流通の仕組み』(単著、清水弘文堂書房、2017)、『国際資源管理認証――エコラベルがつなぐグローバルとローカル』(編著、東京大学出版会、2016)

鎌田 安里紗　かまだ ありさ

略歴　2017年慶應義塾大学大学院政策・メディア研究科修士課程修了、同年慶應義塾大学SFC研究所上席所員、2018年慶應義塾大学総合政策学部非常勤講師を経て、同年4月より慶應義塾大学大学院政策・メディア研究科博士後期課程在籍。2020年2月一般社団法人unisteps設立（共同代表理事就任）。

現在　慶應義塾大学大学院政策・メディア研究科　博士後期課程（2025年3月まで）
　　　一般社団法人unisteps　共同代表理事（https://unisteps.or.jp）

専門　パターン・ランゲージ

田村 典江　たむら のりえ

略歴　2007年京都大学大学院農学研究科博士課程修了。博士（農学）。同年株式会社アミタ持続可能経済研究所研究員、2011年株式会社自然産業研究所主任研究員、2016年総合地球環境学研究所上級研究員を経て、2022年4月より現職。

現在　事業構想大学院大学　専任講師

専門　コモンズ論、サステナビリティ・トランジション

著書　『みんなでつくる「いただきます」』（編著、昭和堂、2021）、『人新世の脱〈健康〉』（編著、昭和堂、2022）

編者紹介

執筆者一覧・担当箇所

岩浅有記　大正大学地域構想研究所　准教授
第5章

大元鈴子　鳥取大学地域学部　教授
第2部扉、第4章、コラム1、おわりに

鎌田安里紗　慶應義塾大学大学院政策・メディア研究科　後期博士課程
第3章、第7章、第8章、第9章、第3部扉、第11章、おわりに

鎌田磨人　徳島大学大学院社会産業理工学研究部　教授
まえがき、第1部扉、第1章、第6章、第8章、第9章、おわりに

田村典江　事業構想大学院大学　専任講師
第2章、第6章、おわりに

長井雅史　慶應義塾大学SFC研究所　上席研究員
第10章

丹羽英之　京都先端科学大学バイオ環境学部　教授
第6章、コラム2

ハイン・マレー　京都府立大学農学食科学部　教授
第2章

自然によりそう地域づくり
―― 自然資本の保全・活用のための協働のプロセスとデザイン ――

Creation of Nature-Nested Communities:
Collaborative Process and Design
for Conservation and Utilization of Natural Capital

2025年3月31日　初版1刷発行

編　者	鎌田磨人・大元鈴子・鎌田安里紗・田村典江　　©2025	
装　丁	吉田考宏	
本文デザイン	吉田考宏・八田さつき	
イラスト	荒牧　悠	
発行者	南條光章	
発行所	共立出版株式会社	
	〒112-0006	
	東京都文京区小日向4-6-19	
	電話　（03）3947-2511（代表）	
	振替口座　00110-2-57035	
	URL　www.kyoritsu-pub.co.jp	
印　刷	藤原印刷	
製　本	協栄製本	

検印廃止
NDC 519.8, 361.7, 468
ISBN 978-4-320-05846-0

　一般社団法人
　　　　　自然科学書協会
　　　　　会員

Printed in Japan

JCOPY　＜出版者著作権管理機構委託出版物＞
本書の無断複製は著作権法上での例外を除き禁じられています．複製される場合は，そのつど事前に，出版者著作権管理機構（TEL：03-5244-5088，FAX：03-5244-5089，e-mail：info@jcopy.or.jp）の許諾を得てください．

景観生態学

日本景観生態学会 編

自然の過程や風土を活かした、国土・地域計画のために

40名の第一線の研究者が
① 基礎理論と手法
② 森林、農村、水辺、海辺、都市の景観生態
③ 地域社会への展開をわかりやすく解説！

　景観生態学は、複数の生態系の相互作用系として存在している景観（ランドスケープ）の諸特性を、様々なスケールから空間階層的に解明しようとする学問分野である。「地域を基盤とする生態系・生物多様性の保全管理」の基盤として、国土・地域計画に役立てられる。

　本書は、日本景観生態学会中心的メンバー40名によって執筆された景観生態学の教科書である。3部15章で構成されており、景観生態学の基礎、理論から応用、社会実装までの考え方を網羅した一冊である。様々な分野の第一線の研究者や技術者が、最新の知見にもとづいて平易かつ深い内容で解説している。これまでの景観生態学の教科書に比べて、日本の読者の関心の高い内容（里地里山の話など）が盛り込まれ、具体的にイメージしやすい景観を対象としており、初めてこの分野を学ぼうとする方に最適の入門書である。生態学や地理学といった基礎学問領域や、造園学、建築学、土木工学などの応用学問領域の学生、研究者、環境計画、地域計画、景観計画、景観デザインなどの実務に携わるコンサルタントや行政、地域で活動するNPOなどの方々にも有用なものとなっている。

A5判・272頁・定価3520円（税込）ISBN978-4-320-05834-7

目次

第Ⅰ部　景観生態学の理論と手法
第1章　景観生態学とは
第2章　景観生態学の歴史
第3章　景観生態学の理論
第4章　空間情報の収集と分析の技術
第5章　風土と景観生態学

第Ⅱ部　景観の構造と機能
第6章　森林の景観生態
第7章　農村の景観生態
第8章　水辺の景観生態
第9章　海辺の景観生態
第10章　都市の景観生態

第Ⅲ部　地域社会への展開
第11章　景観のプランニングとデザイン
第12章　景観管理と協働
第13章　景観生態学と地域づくり・地域再生
第14章　自然環境政策と景観生態学
第15章　持続性と景観生態学

www.kyoritsu-pub.co.jp　　共立出版　　（価格は変更される場合がございます）

■ 生物学・生物科学関連書

www.kyoritsu-pub.co.jp　共立出版

- バイオインフォマティクス事典………日本バイオインフォマティクス学会編集
- 進化学事典………………………………日本進化学会編
- ワイン用葡萄品種大事典 1,368品種の完全ガイド　後藤奈美監訳
- 日本産ミジンコ図鑑………………………田中正明他著
- 日本の海産プランクトン図鑑 第2版 岩国市立ミクロ生物館監修
- 現代菌類学大鑑……………………………堀越孝雄他訳
- 大学生のための考えて学ぶ基礎生物学……堂本光子編
- 適応と自然選択 近代進化論批評………………辻 和希訳
- SDGsに向けた生物生産学入門…………三本木至宏監修
- 理論生物学概論……………………………望月敦史著
- 生命科学の新しい潮流 理論生物学………望月敦史編
- これからの生命科学 生命の星と人類の将来のために 津田基之著
- Pythonによるバイオインフォマティクス 原著第2版 樋口千洋監訳
- 数理生物学 個体群動態の数理モデリング入門………瀬野裕美著
- 数理生物学講義 展開編 数理モデル解析の講究‥齋藤保久他著
- 数理生物学入門 生物社会のダイナミックスを探る……巌佐 庸著
- 一般線形モデルから 生物科学のための現代統計学 野間口謙太郎他訳
- 分子系統学への統計的アプローチ 計算分子進化学 藤 博幸他訳
- 細胞のシステム生物学……………………江口至洋著
- 遺伝子とタンパク質のバイオサイエンス 杉山政則編著
- タンパク質計算科学 基礎と創薬への応用……神谷成敏他著
- 教養としての脳……………………………坂上雅道他編
- 神経インパルス物語 ガルヴァーニの火花からイオンチャネルの分子構造まで‥酒井正樹他訳
- 生物学と医学のための物理学 原著第4版 曽我部正博監訳
- 細胞の物理生物学…………………………笹井理生他訳
- 生命の数理……………………………………巌佐 庸著
- 大学生のための生態学入門………………原 登志彦監修
- 自然によりそう地域づくり 自然資本の保全・活用のための協働のプロセスとデザイン 鎌田磨人他著
- 河川生態学入門 基礎から生物生産まで……平林公男他編
- 景観生態学…………………………………日本景観生態学会編

- 環境DNA 生態系の真の姿を読み解く…………土居秀幸他編
- 生物群集の理論 4つのルールで読み解く生物多様性 松岡俊将他訳
- 植物バイオサイエンス………………………川満芳信他編著
- 森の根の生態学……………………………平野恭弘他編
- 木本植物の被食防衛 変動環境下でゆらぐ植食者との関係 小池孝良他編
- 木本植物の生理生態………………………小池孝良他編
- 落葉広葉樹図譜 机上版／フィールド版………斎藤新一郎著
- 寄生虫進化生態学…………………………片平浩孝他訳
- デイビス・クレブス・ウェスト行動生態学 原著第4版 野間口眞太郎他訳
- 野生生物の生息適地と分布モデリング Rプログラムによる実践 久保田康裕監訳
- 形質生態学入門 種と群集の機能をとらえる理論とRによる実践 長谷川元洋他訳
- Rで学ぶ個体群生態学と統計モデリング 岡村 寛著
- Rではじめよう！ 生物学・環境科学のためのデータ分析超入門 三木 健著
- Rによる数値生態学 群集の多様度・類似度・空間パターンの分析と種組成の多変量解析 原著第2版 吉原 佑他監訳
- 生態学のための標本抽出法………………深谷肇一訳
- 生態学のための階層モデリング RとBUGSによる分布・個体数量・種の豊かさの統計分析 深谷肇一他訳
- 生物数学入門 差分方程式・微分方程式の基礎からのアプローチ 竹内康博他監訳
- 湖の科学………………………………………占部城太郎訳
- 湖沼近過去調査法 より良い湖沼環境と保全目標設定のために 占部城太郎編
- 生き物の進化ゲーム 進化生態学最前線：生物の不思議を解く 大改訂版 酒井聡樹他著
- これからの進化生態学 生態学と進化学の融合 江副日出夫他訳
- ゲノム進化学………………………………斎藤成也著
- ニッチ構築 忘れられていた進化過程……佐倉 統他訳
- アーキア生物学……………………………日本Archaea研究会監修
- 細菌の栄養科学 環境適応の戦略…………石田昭夫他著
- 基礎から学べる菌類生態学………………大園享司著
- 菌類の生物学 分類・系統・生態・環境・利用……日本菌学会企画
- 新・生細胞蛍光イメージング……………原口徳子他編
- SOFIX物質循環型農業 有機農業・減農薬・減化学肥料への指標……久保 幹著

共立スマートセレクション

各巻：B6判・定価1760〜2310円（税込）

❶ 海の生き物はなぜ多様な性を示すのか 数学で解き明かす謎
　山口 幸著／コーディネーター：巌佐 庸

❷ 宇宙食 人間は宇宙で何を食べてきたのか
　田島 眞著／コーディネーター：西成勝好

❸ 次世代ものづくりのための電気・機械一体モデル
　長松昌男著／コーディネーター：萩原一郎

❹ 現代乳酸菌科学 未病・予防医学への挑戦
　杉山政則著／コーディネーター：矢嶋信浩

❺ オーストラリアの荒野によみがえる原始生命
　杉谷健一郎著／コーディネーター：掛川 武

❻ 行動情報処理 自動運転システムとの共生を目指して
　武田一哉著／コーディネーター：土井美和子

❼ サイバーセキュリティ入門 私たちを取り巻く光と闇
　猪俣敦夫著／コーディネーター：井上克郎

❽ ウナギの保全生態学
　海部健三著／コーディネーター：鷲谷いづみ

❾ ICT未来予想図 自動運転、知能化都市、ロボット実装に向けて
　土井美和子著／コーディネーター：原 隆浩

❿ 美の起源 アートの行動生物学
　渡辺 茂著／コーディネーター：長谷川寿一

⓫ インタフェースデバイスのつくりかた その仕組みと勘どころ
　福本雅朗著／コーディネーター：土井美和子

⓬ 現代暗号のしくみ 共通鍵暗号、公開鍵暗号から高機能暗号まで
　中西 透著／コーディネーター：井上克郎

⓭ 昆虫の行動の仕組み 小さな脳による制御とロボットへの応用
　山脇兆史著／コーディネーター：巌佐 庸

⓮ まちぶせるクモ 網上の10秒間の攻防
　中田兼介著／コーディネーター：辻 和希

⓯ 無線ネットワークシステムのしくみ IoTを支える基盤技術
　塚本和也著／コーディネーター：尾家祐二

⓰ ベクションとは何だ!?
　妹尾武治著／コーディネーター：鈴木宏昭

⓱ シュメール人の数学 粘土板に刻まれた古の数学を読む
　室井和男著／コーディネーター：中村 滋

⓲ 生態学と化学物質とリスク評価
　加茂将史著／コーディネーター：巌佐 庸

⓳ キノコとカビの生態学 枯れ木の中は戦国時代
　深澤 遊著／コーディネーター：大園享司

⓴ ビッグデータ解析の現在と未来 Hadoop、NoSQL、深層学習からオープンデータまで
　原 隆浩著／コーディネーター：喜連川 優

㉑ カメムシの母が子に伝える共生細菌 必須相利共生の多様性と進化
　細川貴弘著／コーディネーター：辻 和希

㉒ 感染症に挑む 創薬する微生物 放線菌
　杉山政則著／コーディネーター：高橋洋三

㉓ 生物多様性の多様性
　森 章著／コーディネーター：甲山隆司

㉔ 溺れる魚，空飛ぶ魚，消えゆく魚 モンスーンアジア淡水魚探訪
　鹿野雄一著／コーディネーター：高村典子

㉕ チョウの生態「学」始末
　渡辺 守著／コーディネーター：巌佐 庸

㉖ インターネット，7つの疑問 数理から理解するその仕組み
　大﨑博之著／コーディネーター：尾家祐二

㉗ 生物をシステムとして理解する 細胞とラジオは同じ!?
　久保田浩行著／コーディネーター：巌佐 庸

㉘ 葉を見て枝を見て 枝葉末節の生態学
　菊沢喜八郎著／コーディネーター：巌佐 庸

㉙ 五感を探るオノマトペ 「ふわふわ」と「もふもふ」の違いは数値化できる
　坂本真樹著／コーディネーター：鈴木宏昭

㉚ 神経美学 美と芸術の脳科学
　石津智大著／コーディネーター：渡辺 茂

㉛ 生態学は環境問題を解決できるか？
　伊勢武史著／コーディネーター：巌佐 庸

㉜ クラウドソーシングが不可能を可能にする 小さな力を集めて大きな力に変える科学と方法
　森嶋厚行著／コーディネーター：喜連川 優

㉝ 社会の仕組みを信用から理解する 協力進化の数理
　中丸麻由子著／コーディネーター：巌佐 庸

㉞ 脳進化絵巻 脊椎動物の進化神経学
　村上安則著／コーディネーター：倉谷 滋

㉟ ねずみ算からはじめる数理モデリング 漸化式でみる生物個体群ダイナミクス
　瀬野裕美著／コーディネーター：巌佐 庸

㊱ かおりの生態学 葉の香りがつなげる生き物たち
　塩尻かおり著／コーディネーター：辻 和希

㊲ 歌うサル テナガザルにヒトのルーツをみる
　井上陽一著／コーディネーター：岡ノ谷一夫

㊳ われら古細菌の末裔 微生物から見た生物の進化
　二井一禎著／コーディネーター：左子芳彦

㊴ 発酵 伝統と革新の微生物利用技術
　杉山政則著／コーディネーター：深町龍太郎

㊵ 生物による風化が地球の環境を変えた
　赤木 右著／コーディネーター：巌佐 庸

㊶ DNAからの形づくり 情報伝達・力の局在・数理モデル
　本多久夫著／コーディネーター：巌佐 庸

㊷ 新たな種はどのようにできるのか？ 生物多様性の起源をもとめて
　山口 諒著／コーディネーター：巌佐 庸

㊸ 植物の季節を科学する 魅惑のフェノロジー入門
　永濱 藍著／コーディネーター：巌佐 庸